程序设计与计算思维

/ 刘正余 / 著

電子工業出版社·

Publishing House of Electronics Industry

北京·BEIJING

内 容 简 介

本书是基于"新工科"背景应用型工程教育中人才培养模式要求编写而成的,从计算思维视角探索程序设计的过程和目标,其中设计的每个案例代表性都很强。本书共 12 章,内容包括引论、数据类型、运算符与表达式、输入与输出、顺序结构程序设计与执行、分支结构程序设计与执行、循环结构程序设计与执行、指针的定义与引用、数组与指针、模块化程序设计、结构体与链表、文件操作。

本书既适合信息类相关人员了解程序设计与计算思维所用,又适合为非信息类相关人员提供信息理论与技术帮助。

图书在版编目(CIP)数据

程序设计与计算思维 / 刘正余著. —北京:电子工业出版社,2023.2
ISBN 978-7-121-45075-4

Ⅰ. ①程… Ⅱ. ①刘… Ⅲ. ①C 语言－程序设计 Ⅳ. ①TP312.8

中国国家版本馆 CIP 数据核字(2023)第 027204 号

责任编辑:张　鑫

印　　刷:三河市鑫金马印装有限公司
装　　订:三河市鑫金马印装有限公司
出版发行:电子工业出版社
　　　　　北京市海淀区万寿路 173 信箱　　邮编:100036
开　　本:787×1 092　1/16　印张:15.25　字数:407 千字
版　　次:2023 年 2 月第 1 版
印　　次:2025 年 1 月第 6 次印刷
定　　价:56.00 元

凡所购买电子工业出版社图书有缺损问题,请向购买书店调换。若书店售缺,请与本社发行部联系,联系及邮购电话:(010)88254888,88258888。

质量投诉请发邮件至 zlts@phei. com.cn,盗版侵权举报请发邮件至 dbqq@phei. com.cn。

本书咨询联系方式:zhangxinbook@126.com。

前　言

　　当前，随着大数据、人工智能、云计算等新技术的发展，信息技术已经融入现代社会生活的方方面面，深刻改变着人类的思维、生产、生活、学习方式，无处不在的计算思维成为人们认识问题和解决问题的基本能力之一。新工科是在新一轮科技与产业变革的背景下工程学科的一次重大战略改革，其内涵是以立德树人为引领，以应对变化、塑造未来为建设理念，以继承与创新、交叉与融合、协调与共享为主要途径，培养未来多元化、创新型卓越工程人才。

　　计算思维是指运用计算机科学技术去求解问题、设计和构造问题解决方案、模仿人的行为进而代替人脑的思维活动。计算思维与程序设计思维有着紧密的联系，从解决问题方法的角度来说，计算思维是从数据运动的角度去认识和理解世界的思想与方法。计算机是数据处理和加工的工具，是思维实现的手段，因此，计算机科学的相关理论和技术是计算思维解决问题的基础。来自不同领域的问题经过信息抽取和模型构建，以及计算平台的运算，在得到解决的同时，也能加深人们对领域知识的理解。程序设计为求解问题提供了认知领域知识的角度和计算平台，采用抽象技术实现了数据的定义、算法的描述、可行性验证及自动处理等功能。在这个意义上，计算思维与程序设计的融合更多是从应用角度去寻找问题的解决思路和方法，将计算机技术从思维高度彻底改造，实现以程序为载体，构建起人与计算机之间的联系，不断创新计算机科学，促进新工科背景下计算机科学理论的新发展。

　　本书体现了知识结构创新，通过程序设计的过程及素材探索计算思维的内涵，从多维度展示计算机解决问题的艺术。本书共 12 章，设计了 70 个案例。引论介绍计算思维的内涵、解决问题的过程，数据类型介绍数据从逻辑到物理的形式，运算符与表达式介绍运算工具与运算过程，输入与输出介绍人机交互的含义和实现方法，顺序、分支、循环结构介绍结构化程序设计的方法及执行，指针介绍指针的定义与引用，数组与指针介绍两者之间的联系，模块化程序设计介绍工程化解决问题的方法与思路，结构体与链表介绍复杂数据类型的数据加工和处理方法，文件操作介绍交互处理外部批量数据的方法。

　　本书采用"程序+注释"的结构，从定义、执行、传递、引用四个视角把"离散"的程序设计案例有机地组织成作者想要表达的计算思维体。而且，每个案例都提供了解决问题的多个视角，又从多个视角解决多个不同问题。书中所有程序都经过调试，命名方式友好，充分考虑读者的喜好，读者在阅读时不会有障碍，在自己动手执行案例的同时，也可以对案例进行引申和更新。

本书既适合信息类相关人员了解程序设计与计算思维所用，又适合为非信息类相关人员提供信息理论与技术帮助。

本书作者为皖西学院刘正余老师，长期从事计算机专业基础教学研究，主讲程序设计基础、计算机操作系统、编译原理等计算机类专业核心课程，独到新颖的教学方法深受学生喜爱，教学效果突出。在写作过程中，皖西学院计算机教研室、计算机基础教研室的老师及计算机科学与技术专业的学生给予了非常多的配合，电子与信息工程学院符茂胜院长给予了技术上和心理上的支持，电子与信息工程学院教学院长郁书好教授认真阅读了书中的每个案例并与作者交流了多种设计方案，电子工业出版社张鑫编辑给予了持续的帮助。作者在此一并表示感谢。

由于作者研究方向不广，对相关领域认识和理解还不全面，书中难免存在不足之处，希望广大读者批评指正。

作　者

2022 年 12 月

案例 1：设计加法表

```
1+1=2
1+2=3    2+2=4
1+3=4    2+3=5    3+3=6
1+4=5    2+4=6    3+4=7    4+4=8
1+5=6    2+5=7    3+5=8    4+5=9    5+5=10
1+6=7    2+6=8    3+6=9    4+6=10   5+6=11   6+6=12
1+7=8    2+7=9    3+7=10   4+7=11   5+7=12   6+7=13   7+7=14
1+8=9    2+8=10   3+8=11   4+8=12   5+8=13   6+8=14   7+8=15   8+8=16
1+9=10   2+9=11   3+9=12   4+9=13   5+9=14   6+9=15   7+9=16   8+9=17   9+9=18
```

Prog1.1

```c
#include "stdio.h"
int main()
{
    printf("1+1=2\n");
    printf("1+2=3    2+2=4\n");
    printf("1+3=4    2+3=5    3+3=6\n");
    printf("1+4=5    2+4=6    3+4=7    4+4=8\n");
    printf("1+5=6    2+5=7    3+5=8    4+5=9    5+5=10\n");
    printf("1+6=7    2+6=8    3+6=9    4+6=10   5+6=11   6+6=12\n");
    printf("1+7=8    2+7=9    3+7=10   4+7=11   5+7=12   6+7=13   7+7=14\n");
    printf("1+8=9    2+8=10   3+8=11   4+8=12   5+8=13   6+8=14   7+8=15   8+8=16\n");
    printf("1+9=10   2+9=11   3+9=12   4+9=13   5+9=14   6+9=15   7+9=16   8+9=17   9+9=18\n");
    return 0;
}
```

注释：

（1）计算机俗称"电脑"，是用以代替人脑思维的工具。该程序的设计思想是通过 9 个 printf() 函数打印与人的"印记"相同的"加法表"，描述过程较为粗放。

（2）执行 printf("1+1=2\n");，打印加法表的第一行，输出：1+1=2。执行 printf("1+2=3 2+2=4\n");，打印加法表的第二行，输出：1+2=3　　2+2=4。依次类推，执行 printf("1+9=10 2+9=11 3+9=12 4+9=13 5+9=14 6+9=15 7+9=16 8+9=17 9+9=18\n");，打印加法表的第九行，输出：1+9=10　　2+9=11　　3+9=12　　4+9=13　　5+9=14　　6+9=15　　7+9=16

8+9=17   9+9=18，如图 1.1 所示。

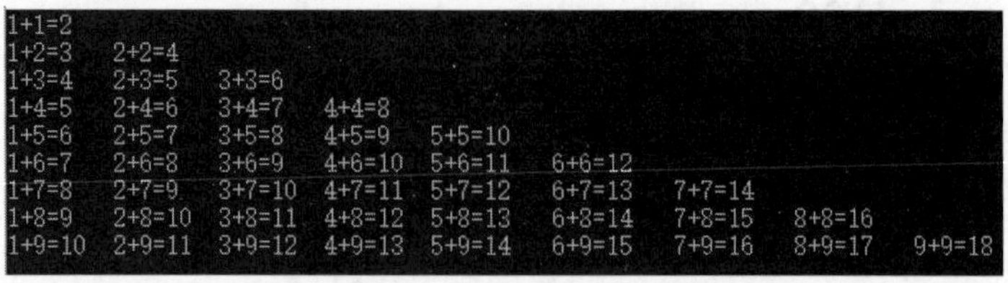

图 1.1　加法表的执行结果

（3）美国卡内基梅隆大学周以真教授提出，计算思维是指运用计算机科学的基础概念去求解问题、设计系统和理解人类行为，它涵盖了计算机科学的一系列思维活动。"计算思维"的理论，通俗地说，就是用计算机科学与技术来解决问题的方法和途径；程序设计是人通过计算机语言将人的思维传递给计算机的过程，使计算机模仿人的思维方式。

Prog1.2

```c
#include "stdio.h"
int main()
{
    int i;
    for(i=1;i<=1;i++)
        printf("%d+%d=%-4d",i,1,i+1);
    printf("\n");
    for(i=1;i<=2;i++)
        printf("%d+%d=%-4d",i,2,i+2);
    printf("\n");
    for(i=1;i<=3;i++)
        printf("%d+%d=%-4d",i,3,i+3);
    printf("\n");
    for(i=1;i<=4;i++)
        printf("%d+%d=%-4d",i,4,i+4);
    printf("\n");
    for(i=1;i<=5;i++)
        printf("%d+%d=%-4d",i,5,i+5);
    printf("\n");
    for(i=1;i<=6;i++)
        printf("%d+%d=%-4d",i,6,i+6);
    printf("\n");
    for(i=1;i<=7;i++)
        printf("%d+%d=%-4d",i,7,i+7);
    printf("\n");
    for(i=1;i<=8;i++)
```

```
        printf("%d+%d=%-4d",i,8,i+8);
    printf("\n");
    for(i=1;i<=9;i++)
        printf("%d+%d=%-4d",i,9,i+9);
    printf("\n");
    return 0;
}
```

注释：

（1）int i 定义变量 i；设计 for(i=1;i<=?;i++)循环结构，通过循环变量 i 控制列的变化；条件 i<=? 控制每行输出的算式的个数，例如，条件 i<=1 控制打印第一行，……，条件 i<=9 控制打印第九行。

（2）执行 for(i=1;i<=1;i++)循环结构，打印加法表的第一行，输出：1+1=2。执行 for(i=1;i<=2;i++)循环结构，打印加法表的第二行，输出：1+2=3　2+2=4。依次类推，执行 for(i=1;i<=9;i++)循环结构，打印加法表的第九行，输出：1+9=10　2+9=11　3+9=12　4+9=13　5+9=14　6+9=15　7+9=16　8+9=17　9+9=18，如图 1.1 所示。

（3）该程序构造了 for 循环结构模型，将人解决问题的思想抽象成一致的"接口"。

Prog1.3

```
#include "stdio.h"
void fun1(int j);
int main()
{
    fun1(1);
    fun1(2);
    fun1(3);
    fun1(4);
    fun1(5);
    fun1(6);
    fun1(7);
    fun1(8);
    fun1(9);
    return 0;
}
void fun1(int j)
{
    int i;
    for(i=1;i<=j;i++)
        printf("%d+%d=%-4d",i,j,i+j);
    printf("\n");
}
```

注释：

（1）void fun1(int j)定义 fun1()函数，fun1()函数的功能是打印加法表形参变量 j 描述的行，主函数 main()调用 fun1()函数帮助完成任务。

（2）主函数 main()调用 fun1(1);，打印加法表的第一行，输出：1+1=2。主函数 main()调用 fun1(2);，打印加法表的第二行，输出：1+2=3　　2+2=4。依次类推，主函数 main()调用 fun1(9);，打印加法表的第九行，输出：1+9=10　　2+9=11　　3+9=12　　4+9=13　　5+9=14　　6+9=15　　7+9=16　　8+9=17　　9+9=18，如图 1.1 所示。

（3）函数 fun1()将人解决问题的思想抽象成一致的"接口"void fun1(int j)。

Prog1.4

```c
#include "stdio.h"
#include "fun1.h"
void fun1(int j);
int main()
{
    fun1(1);
    fun1(2);
    fun1(3);
    fun1(4);
    fun1(5);
    fun1(6);
    fun1(7);
    fun1(8);
    fun1(9);
    return 0;
}
//自定义头文件 fun1.h:
void fun1(int j)
{
    int i;
    for(i=1;i<=j;i++)
        printf("%d+%d=%-4d",i,j,i+j);
    printf("\n");
}
```

注释：

（1）自定义头文件 fun1.h，将在该文件中定义 void fun1(int j)，主函数所在文件 Prog1.4 通过#include "fun1.h"就可以使用 fun1.h 文件中的 fun1 函数。

（2）文件 Prog1.4 中 main()函数调用 fun1.h 文件中 fun1()函数的过程与文件 Prog1.3 实现的功能相同。

（3）一个程序由若干源文件组成，本程序是由 prog1.4.c、stdio.h、fun1.h 等源文件组成的，有的是库文件，有的是程序员自定义的源文件。该问题的解决体现了文件的工具融合"数学思维"与"工程思维"，达到了智慧传递的特征。

Prog1.5

```c
#include "stdio.h"
int main()
{
    int i,j;
    for(i=1;i<=9;i++)
    {
        for(j=1;j<=i;j++)
            printf("%d+%d=%-4d",j,i,i+j);
        printf("\n");
    }
    return 0;
}
```

注释：

（1）循环结构 for(i=1;i<=?;i++)设计打印"行"的模型，循环结构 for(j=1;j<=i;j++)设计"行"中每"列"的模型。

（2）执行 for(i=1;i<=9;i++)。当 i=1 时，执行 for(j=1;j<=i;j++)，打印加法表的第一行，输出：1+1=2。当 i=2 时，执行 for(j=1;j<=i;j++)，打印加法表的第二行，输出：1+2=3   2+2=4。依次类推，当 i=9 时，执行 for(j=1;j<=i;j++)，打印加法表的第九行，输出：1+9=10   2+9=11   3+9=12   4+9=13   5+9=14   6+9=15   7+9=16   8+9=17   9+9=18，如图 1.1 所示。

（3）思维的功能是通过抽象技术构建模型，使解决问题的方法达到一致性和完备性。

 探索

打印数字字符串 123454321。

案例 2：一组数据的"逆序"输出

输入：23   45   67   12   89
输出：89   12   67   45   23

Prog2.1

```c
#include "stdio.h"
int main()
```

```
{
    printf("输入：23   45   67   12   89\n");
    printf("输出：89   12   67   45   23\n");
    return 0;
}
```

注释：

（1）人的智慧就是追求问题的"本质"。

（2）现象级解决方法：执行 printf("输入：23   45   67   12   89\n");，输出："输入：23   45   67   12   89"，这是"原始"数据序列。执行 printf("输出：89   12   67   45   23\n");，输出："输出：89   12   67   45   23"，该数据序列与原始数据序列是"逆序"关系，如图 1.2 所示。

图 1.2　逆序关系的执行结果

（3）这是一种简单粗放的解决问题方法，设计与构造方式单一，解决类似问题的可信度不高。

Prog2.2

```
#include "stdio.h"
int main()
{
    int a1,a2,a3,a4,a5;
    a1=23;
    a2=45;
    a3=67;
    a4=12;
    a5=89;
    printf("输入：%d   %d   %d   %d   %d\n",a1,a2,a3,a4,a5);
    printf("输出：%d   %d   %d   %d   %d\n",a5,a4,a3,a2,a1);
    return 0;
}
```

注释：

（1）int a1, a2, a3, a4, a5;定义五个整型数据变量，变量 a1、a2、a3、a4、a5 各代表内存中的一个存储单元，这五个存储单元可以存储五个整数。

（2）执行 a1=23;a2=45;a3=67;a4=12;a5=89;，则变量 a1 存储单元中存储的是 23，变量 a2 存储单元中存储的是 45，变量 a3 存储单元中存储的是 67，变量 a4 存储单元中存储的是 12，变量 a5 存储单元中存储的是 89。执行 printf("输入：%d   %d   %d   %d   %d\n",a1,a2, a3,a4,a5);，输出："输入：23   45   67   12   89"，这是"原始"数据序列。执行 printf("输

出：%d　%d　%d　%d　%d\n", a5, a4, a3, a2, a1);，输出："输出：89　12　67　45　23"，该数据序列与原始数据序列是"逆序"关系，如图 1.2 所示。

（3）思维的基础是人脑有记忆空间，计算思维的基础是构造可识别、能运算的存储空间。该程序通过五个变量"记住"要加工处理的五个数据。有了这五个变量，程序不仅可以处理 23　45　67　12　89 这个数据序列，也可以处理其他数据序列。

Prog2.3

```
#include "stdio.h"
int main()
{
    int a1,a2,a3,a4,a5;
    printf("输入：");
    scanf("%d　%d　%d　%d　%d",&a1,&a2,&a3,&a4,&a5);
    printf("输出：%d　%d　%d　%d　%d\n",a5,a4,a3,a2,a1);
    return 0;
}
```

注释：

（1）函数 scanf() 可以实现在程序"运行"阶段让用户随机录入数据，处理数据的对象不是在程序设计的前期事先提供的。

（2）执行 scanf("%d　%d　%d　%d　%d", &a1, &a2, &a3, &a4, &a5);，用户输入：23　45　67　12　89，输入后变量 a1、a2、a3、a4、a5 的值分别为 23、45、67、12、89，但该程序处理的数据也可以是其他数据序列。

（3）程序就是计算机指令的集合，程序设计前期可以定义数据的形式（抽象），在程序执行期间可以输入具体数据。

Prog2.4

```
#include "stdio.h"
int main()
{
    int a1,a2,a3,a4,a5;
    int t;
    printf("输入：");
    scanf("%d　%d　%d　%d　%d",&a1,&a2,&a3,&a4,&a5);
    t=a1;a1=a5;a5=t;
    t=a2;a2=a4;a4=t;
    printf("输出：%d　%d　%d　%d　%d\n",a1,a2,a3,a4,a5);
    return 0;
}
```

注释：

（1）实现"逆序"可以通过数据序列首尾相应位置交换实现，五个数据中，第一个数据和第五个数据交换，第二个数据与第四个数据交换，这样就达成了目标。

（2）执行 t=a1;a1=a5;a5=t;，这是将 a1 和 a5 两个数据交换，同理，执行 t=a2;a1=a4;a4=t;是将 a2 和 a4 两个数据交换。执行 printf("输出:%d %d %d %d %d\n", a1, a2, a3, a4, a5);，输出：89 12 67 45 23（原始数据序列：23 45 67 12 89），如图 1.2 所示。

（3）计算思维的核心是抽象，即把人解决任务的方法抽象成可描述的语言。

Prog2.5

```
#include "stdio.h"
#define N 5
int main()
{
    int a[N];
    int t;
    printf("输入：");
    scanf("%d %d %d %d %d",&a[0],&a[1],&a[2],&a[3],&a[4]);
    t=a[0];a[0]=a[4];a[4]=t;
    t=a[1];a[1]=a[3];a[3]=t;
    printf("输出：%d %d %d %d %d\n",a[0],a[1],a[2],a[3],a[4]);
    return 0;
}
```

注释：

（1）int a[N]定义数组 a，用一个名字 a 描述一组数据，数组 a 把数据以"集合"形式进行管理，建立了数据之间的联系。int a1,a2,a3,a4,a5 定义五个变量，变量之间是独立的，不能形成联系。int a[N];，数组 a 中有五个存储单元，存储单元的名称分别是 a[0]、a[1]、a[2]、a[3]、a[4]，这五个单元与变量 a1、a2、a3、a4、a5 一样，每个单元均能存储一个整型数据。

（2）执行 scanf("%d %d %d %d %d",&a[0],&a[1],&a[2],&a[3],&a[4]);，输入：23 45 67 12 89，则单元 a[0]的值是 23，单元 a[1]的值是 45，单元 a[2]的值是 67，单元 a[3]的值是 12，单元 a[4]的值是 89。执行 t=a[0];a[0]=a[4];a[4]=t;，实现 a[0]与 a[4]交换，a[0]的值由 23 变成 89，a[4]的值由 89 变成 23。执行 t=a[1];a[1]=a[3];a[3]=t;，实现 a[1]与 a[3]交换，a[1]的值由 45 变成 12，a[3]的值由 12 变成 45。

（3）丰富的数据格式可以让人的思维方式变得灵活，数据的存储形式能决定算法，算法一般要依赖具体的数据格式。

Prog2.6

```c
#include "stdio.h"
#define N 5
int main()
{
    int a[N],i;
    int t;
    printf("输入：");
    for(i=0;i<N;i++)
        scanf("%d",&a[i]);
    for(i=0;i<N/2;i++)
    {
        t=a[i];a[i]=a[N-i-1];a[N-i-1]=t;
    }
    printf("输出：");
    for(i=0;i<N;i++)
        printf("%-4d",a[i]);
    printf("\n");
    return 0;
}
```

注释：

（1）int a[N]定义了数组 a，存储单元的名称 a[0]、a[1]、a[2]、a[3]、a[4]就表现出一定的规律性，"编号" 从 0 依次变化到 N-1。程序设计时可以利用结构化程序设计中的 "循环" 结构依次访问数组 a 中的存储单元。

（2）执行 for(i=0;i<N;i++)scanf("%d",&a[i]);，实现给数组存储单元 a[0]、a[1]、a[2]、a[3]、a[4]输入数据。执行 for(i=0;i<N/2;i++){t=a[i];a[i]=a[N-i-1];a[N-i-1]=t;}，当 i=0 时，N-i-1 的值为 4，即 a[0]与 a[4]交换；当 i=1 时，N-i-1 的值为 3，即 a[1]与 a[3]交换。执行 for(i=0; i<N;i++) printf("%-4d",a[i]);，实现依次输出数组存储单元 a[0]、a[1]、a[2]、a[3]、a[4]中的值，如图 1.2 所示。

（3）程序就是用计算机语言将人的思维描述出来，程序设计是探索人的思维可再现的方法与技术。计算思维本质就是设计和构造人的思维形式，定义数学模型，使用计算机中可存储的格式，采用计算机语言描述数据和算法，最终达到使计算机模仿人的思维。

 探索

已知字符串 "ab2c3de4f"，试将该字符串分离成 "abcdef" 和 "234" 两个字符串。

案例 3：求两个数的和

Prog3.1

```c
#include "stdio.h"
int main()
{
    int a,b,c;
    a=23;
    printf("a=%d\n",a);
    b=14;
    printf("b=%d\n",b);
    c=a+b;
    printf("c=%d:%d+%d=%d\n",c,a,b,c);
}
```

注释：

（1）int a,b,c;定义三个整型变量 a、b 和 c，变量 a、b 和 c 是三个用于存储整型数据的存储单元。

（2）执行 a=23;，右边 23 是常量，存储在变量名 a 代表的存储单元中；左边是变量 a。该语句的功能是将右边的值传送到左边的存储单元中，执行后变量 a 的值是 23。执行 printf("a=%d\n",a);，输出：a=23。执行 b=14;，执行后变量 b 的值是 14。执行 printf ("b=%d\n",b);，输出：b=14。执行 c=a+b;，将变量 a 的值与变量 b 的值的和传送到变量 c 的存储单元中。执行 printf("c=%d:%d+%d=%d\n",c,a,b,c);，输出：c=37: 23+14=37。

（3）变量的三要素：变量名、存储单元（地址）、值。变量处理的过程：变量名映射到存储单元（左值映射），存储单元映射到变量值（右值映射）。常量就是值，其本身不是存储单元；变量代表值，其本身是一个存储单元。

Prog3.2

```c
#include "stdio.h"
int main()
{
    int a,b,c;
```

```
        a=23;
        b=14;
        c=a+b;
        printf("c=%d\n",c);
        printf("addr(a):%xH,addr(b):%xH,addr(c):%xH\n",&a,&b,&c);
}
```

运行结果如图 2.1 所示。

```
c=37
addr(a):60fefcH,addr(b):60fef8H,addr(c):60fef4H
```

图 2.1   变量 a、b 和 c 的地址

注释：

（1）&a、&b、&c 表示变量 a、b、c 在内存中的相应地址，程序运行时对变量均是"按址访问"，编译系统将由变量名映射出相应存储单元的地址。

（2）执行 a=23;时变量 a 的值将会是 23，变量 a 的地址称为"左值"，变量 a 的值 23 称为"右值"。

（3）常量只有"右值"，没有地址，如图 2.2 所示。

```
printf("addr(23):%xH\n",&23);
```

Message
In function 'main':
[Error] lvalue required as unary '&' operand

图 2.2   常量 23 不存在"左值"

 探索

已知变量 a=23，b=14，编写程序求 a−b，a*b，a/b。

案例 4：整型数据

Prog4.1

```
#include "stdio.h"
int main()
{
        int a;
        printf("addr(a):%xH,size(a):%d\n",&a,sizeof(a));
}
```

注释：

（1）int a;是用关键字 int 定义整型变量 a，变量名 a 代表一个存储单元，其地址为 &a，变量 a 能准确描述一个整型数据。

（2）sizeof(a)显示系统分配给变量 a 存储单元的长度（字节数），如图 2.3 所示。

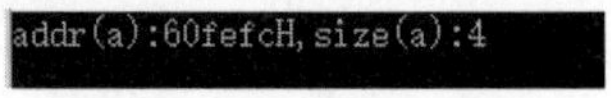

```
addr(a):60fefcH,size(a):4
```

图 2.3　变量 a 的地址与长度

（3）定义整型变量还可用关键字 short 和 long。

Prog4.2

```c
#include "stdio.h"
int main()
{
    int a;
    a=-1;
    printf("%d->%u\n",a,a);
    a=1;
    printf("%d->%u\n",a,a);
}
```

注释：

（1）当 a=-1 时，%d->%u 输出：-1->4294967295，则变量 a 的形式值（逻辑值）为 -1，实际存储值为 4294967295。

（2）当 a=1 时，%d->%u 输出：1->1，则变量 a 的形式值（逻辑值）为 1，实际存储值也为 1。

（3）-1->4294967295：负数以补码形式存储，且原码（形式值的二进制）与补码（存储值的二进制）不一致。1->1：正数的存储形式也可以看成补码，且原码（形式值的二进制）与补码（存储值的二进制）一致。

Prog4.3

```c
#include "stdio.h"
int main()
{
    int a;
    a=-2147483647;
    printf("1:%d->%u\n",a,a);
```

```
    a=-2147483648;
    printf("2:%d->%u\n",a,a);
    a=-2147483649;
    printf("3:%d->%u\n",a,a);
    a=-1;
    printf("4:%d->%u\n",a,a);
}
```

运行结果如图 2.4 所示。

图 2.4　负数的表示

注释：

（1）当 a=-1 时，%d->%u 输出：-1->4294967295，则-1 是最大的负数，其补码对应的十进制数为 4294967295，也是负数中最大的。

（2）当 a=-2147483647 时，%d->%u 输出：1:-2147483647->2147483649，则-2147483647 的补码对应的十进制数是 2147483649。当 a=-2147483647 时，%d->%u 输出：2:-2147483648->2147483648，则-2147483648 的补码对应的十进制数是 2147483648，-2147483648 是最小的负数，其补码对应的十进制数也是最小的。

（3）当 a=-2147483649 时，%d->%u 输出：3:2147483647->2147483647，当-2147483649<-2147483648（最小的负数）时，-2147483649 已经是正数了，而且是最大的正数。这就是数据表示的"周期性"。

运算法则（32 位）如下：

-1：1111 1111 1111 1111 1111 1111 1111 1111（-1 的补码）；

-2147483648：　1000 0000 0000 0000 0000 0000 0000 0000（-2147483648 的补码）；

-2147483649（-2147483648-1）：1000 0000 0000 0000 0000 0000 0000 0000-1=0111 1111 1111 1111 1111 1111 1111 1111（十进制数为 2147483647）。

Prog4.4

```
#include "stdio.h"
int main()
{
    int a;
    a=2147483647;
    printf("1:%d->%u\n",a,a);
    a=2147483647+1;
```

```
printf("2:%d->%u\n",a,a);
a=0;
printf("3:%d->%u\n",a,a);
a=0-1;
printf("4:%d->%u\n",a,a);
}
```

运行结果如图 2.5 所示。

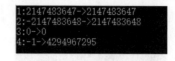

```
1:2147483647->2147483647
2:-2147483648->2147483648
3:0->0
4:-1->4294967295
```

图 2.5　正数的表示

注释：

（1）当 a=2147483647 时，%d->%u 输出：1:2147483647->2147483647，则 2147483647 是最大的正数。

（2）当 a=-2147483647+1 时，%d->%u 输出：2:-2147483648->2147483648，则最大的正数+1 就成了最小的负数。

（3）正数的原码=补码，负数的补码=4294967296 对应的二进制数减原码（32 位），这就是整型数据表示的"域"。

运算法则（32 位）如下：

2147483647：0111 1111 1111 1111 1111 1111 1111 1111（2147483647 的补码）；

-2147483648：　1000 0000 0000 0000 0000 0000 0000 0000（-2147483648 的补码）；

4294967295（0-1）：0000 0000 0000 0000 0000 0000 0000 0000-1=1111 1111 1111 1111 1111 1111 1111 1111（十进制数为 4294967295）；

-2147483648（2147483647+1）：0111 1111 1111 1111 1111 1111 1111 1111+1=1000 0000 0000 0000 0000 0000 0000 0000（十进制数为-2147483648）。

结论：

如果把数据运算看成"时钟"，顺时针定义为+1 操作，逆时针定义为-1 操作，正数最大值+1 为最小负数，负数最小值-1 则为最大正数，0-1 结果的补码对应的十进制数（4294967295）最大，4294967295+1（-1+1）的结果为 0。

　探索

　　编写程序，找出整型变量 a 中存储的最大正数、最小正数、最大负数、最小负数，对应输出相应的数，分为有符号和无符号两种形式。

案例 5：实型数据

Prog5.1

```
#include "stdio.h"
int main()
{
    float a;
    a=376.472;
    printf("1:a=%f\n",a);
    a=37.6472e1;
    printf("2:a=%f\n",a);
    a=3.76472e2;
    printf("3:a=%f\n",a);
    a=0.376472e3;
    printf("4:a=%f\n",a);
    return 0;
}
```

注释：

（1）float a 定义单精度实型变量。

（2）a=376.472;a=37.6472e1;a=3.76472e2;a=0.376472e3;这四条语句产生的"右值"相同，即"右值"相同的实数表示方法具有多样性，如图 2.6 所示。

图 2.6 实数的表示

（3）实数 376.472 称为实数"小数形式"表示，实数 37.6472e1、3.76472e2、0.376472e3 称为实数"指数形式"表示。"指数形式"又称为实数的"存储形式"，格式为：尾数 e 阶码。

Prog5.2

```
#include "stdio.h"
int main()
{
    float a;
    a=376.472;
```

```
    printf("1:a=%f\n",a);
    a=376.4725;
    printf("2:a=%f\n",a);
    a=376.47256;
    printf("3:a=%f\n",a);
    return 0;
}
```

注释：

（1）当 a=376.472 时，输出：1:a=376.471985，输出结果与变量 a 的值不一致，如图 2.7 所示。这说明所有实数都是不准确的，例如，系统可以规定限值 d<=1e−6 为 0。

图 2.7　实数的精度

（2）float 类型变量的精度位数少，测试长度只有 7 位，当输出的位数多于 7 位时，前 6 位是准确的，如图 2.6 所示。

Prog5.3

```
#include "stdio.h"
int main()
{
    double a;
    a=376.472;
    printf("1:a=%f\n",a);
    a=376.4725;
    printf("2:a=%f\n",a);
    a=376.47256;
    printf("3:a=%f\n",a);
    return 0;
}
```

注释：

（1）double a 定义双精度实型变量。

（2）double 类型变量比 float 类型变量的精度位数多，测试长度达到 15 位，如图 2.8 所示为 double 类型实数的精度。

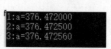

图 2.8　double 类型实数的精度

Prog5.4

```c
#include "stdio.h"
int main()
{
    double a;
    float b;
    printf("double:size(a)=%d\n",sizeof(a));
    printf("float:size(b)=%d\n",sizeof(b));
    return 0;
}
```

注释：

（1）双精度实型存储单元的长度为 8 字节，单精度实型存储单元的长度为 4 字节，如图 2.9 所示。

```
double:size(a)=8
float:size(b)=4
```

图 2.9　实型存储单元的长度

（2）双精度实型存储单元有 6 字节存储尾数部分（决定实数精度），2 字节存储阶码部分（决定实数范围）。单精度实型存储单元有 3 字节存储尾数部分，1 字节存储阶码部分。

 探索

编写程序，输入圆的半径，求以该半径构成的圆的周长、面积，以该半径构成的球的体积及表面积。

案例 6：字符型数据

Prog6.1

```c
#include "stdio.h"
int main()
{
    char c;
    c='A';
    printf("1:c=%c\n",c);
    c=65;
```

```
    printf("2:c=%c\n",c);
}
```

注释：

（1）char c 定义字符型变量。

（2）printf("1:c=%c\n",c);与 printf("2:c=%c\n",c);的输出结果是相同的，如图 2.10 所示，则 c='A';与 c=65;执行的功能相同，'A'表示字符，65（二进制数为 0100 0001）则是字符'A'的 ASCII 码值。

图 2.10　字符型数据的表示

Prog6.2

```
#include "stdio.h"
int main()
{
    char c1,c2;
    c1='A';
    c2='a';
    printf("1:%c->%d(ASCII)\n",c1,c1);
    printf("2:%c->%d(ASCII)\n",c2,c2);
    printf("3:%c-%c=%d\n",c2,c1,c2-c1);
}
```

注释：

（1）'A'是字符型数据的逻辑形式，'A'的 ASCII 码是其存储形式，如图 2.11 所示。

图 2.11　字符型数据与 ASCII 码

（2）1:A->65(ASCII)，大写英文字母 A 对应的 ASCII 码值为 65。2:a->97(ASCII)，小写英文字母 a 对应的 ASCII 码值为 97。3:a-A=32，大写英文字母 A 与小写英文字母 a 对应的 ASCII 码值相差 32。

Prog6.3

```
#include "stdio.h"
int main()
{
```

```
        char c;
        printf("size(c):%d\n",sizeof(c));
        c='A';
        printf("%c->%d\n",c,c);
}
```

注释：

一个字符存储单元占用一字节，size(c):1，如图 2.12 所示，A->65（0100 0001）字符型数据 ASCII 码最高位二进制数为 0。

图 2.12　字符存储单元

Prog6.4

```
#include "stdio.h"
int main()
{
    printf("\t\t\t 英文字母 ASCII 码表\n");
    printf("%c:%d\t%c:%d\t%c:%d\t%c:%d\t%c:%d\t%c:%d\t%c:%d\t%c:%d\n",'A','A','a','a','B','B','b','b',
'C','C','c','c','D','D','d','d');
    printf("%c:%d\t%c:%d\t%c:%d\t%c:%d\t%c:%d\t%c:%d\t%c:%d\t%c:%d\n",'E','E','e','e','F','F','f','f','|G',
'G','g','g','H','H','h','h');
    printf("%c:%d\t%c:%d\t%c:%d\t%c:%d\t%c:%d\t%c:%d\t%c:%d\t%c:%d\n",'I','I','i','i','J','J','j','j','K','K',
'k','k','L','L','l','l');
    printf("%c:%d\t%c:%d\t%c:%d\t%c:%d\t%c:%d\t%c:%d\t%c:%d\t%c:%d\n",'M','M','m','m','N','N','n',
'n','O','O','o','o','P','P','p','p');
    printf("%c:%d\t%c:%d\t%c:%d\t%c:%d\t%c:%d\t%c:%d\t%c:%d\t%c:%d\n",'Q','Q','q','q','R','R','r','r',
'S','S','s','s','T','T','t','t');
    printf("%c:%d\t%c:%d\t%c:%d\t%c:%d\t%c:%d\t%c:%d\t%c:%d\t%c:%d\n",'U','U','u','u','V','V','v','v',
'W','W','w','w','X','X','x','x');
    printf("%c:%d\t%c:%d\t%c:%d\t%c:%d\n",'Y','Y','y','y','Z','Z','z','z');
    printf("\t\t 数字字符 ASCII 码表\n");
    printf("%c:%d\t%c:%d\t%c:%d\t%c:%d\t%c:%d\n",'0','0','1','1','2','2','3','3','4','4');
    printf("%c:%d\t%c:%d\t%c:%d\t%c:%d\t%c:%d\n",'5','5','6','6','7','7','8','8','9','9');
    printf("\t\t 常用字符 ASCII 码表\n");
    printf("space:%d\tenter:%d\tline:%d\n",' ','\n','\r','1','2','2','3','3','4','4');
}
```

注释：

如图 2.13 所示，大写英文字母与小写英文字母的 ASCII 码值是有顺序的，且小写英文字母对应的 ASCII 码值比大写英文字母要大 32。数字字符对应的 ASCII 码值是 48（字符'0'的 ASCII 码值）～57（字符'9'的 ASCII 码值，也是有顺序的。空格（space）的 ASCII 码值是 32（二进制数为 0010 0000）。

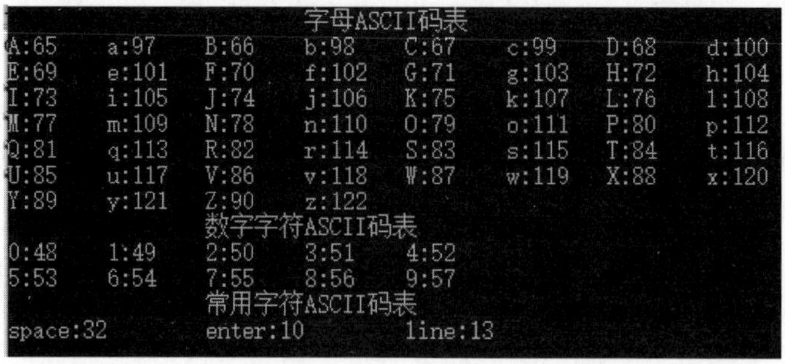

字母ASCII码表

A:65	a:97	B:66	b:98	C:67	c:99	D:68	d:100
E:69	e:101	F:70	f:102	G:71	g:103	H:72	h:104
I:73	i:105	J:74	j:106	K:75	k:107	L:76	l:108
M:77	m:109	N:78	n:110	O:79	o:111	P:80	p:112
Q:81	q:113	R:82	r:114	S:83	s:115	T:84	t:116
U:85	u:117	V:86	v:118	W:87	w:119	X:88	x:120
Y:89	y:121	Z:90	z:122				

数字字符ASCII码表

0:48	1:49	2:50	3:51	4:52
5:53	6:54	7:55	8:56	9:57

常用字符ASCII码表

space:32	enter:10	line:13

图 2.13　英文字母、数字字符、常用字符的 ASCII 码表

Prog6.5

```
#include "stdio.h"
int main()
{
    char c;
    c='A';
    printf("1:%c->",c);
    c=c+32;
    printf("%c\n",c);
    c='A';
    printf("2:%c->",c);
    c=c+'a'-'A';
    printf("%c\n",c);
    c='a';
    printf("3:%c->",c);
    c=c-32;
    printf("%c\n",c);
    c='a';
    printf("4:%c->",c);
    c=c+'A'-'a';
    printf("%c\n",c);
}
```

注释：

（1）c=c+32;和 c=c+'a'−'A';两种算法均能实现大写英文字母转换成小写英文字母。

（2）c=c−32;和 c=c+'A'−'a';两种算法均能实现小写英文字母转换成大写英文字母，如图 2.14 所示。

图 2.14　大小写英文字母转换

Prog6.6

```
#include "stdio.h"
int main()
{
    char c;
    c='A';
    printf("1:%c->%d\n",c,c);
    c='\101';
    printf("1:%c->%d\n",c,c);
    c='\x41';
    printf("1:%c->%d\n",c,c);
    c=65;
    printf("1:%c->%d\n",c,c);
}
```

注释：

（1）'A'是最常用的表示形式，'\101'（'\ddd'）是用三位八进制数表示的字符，'\x41'（'\xhh'）是用两位十六进制数表示的字符。

（2）'A'、'\101'和'\x41'都表示英文字母 A，其值均为 65，如图 2.15 所示。

图 2.15　字符'A'的表示形式

Prog6.7

```
#include "stdio.h"
int main()
{
    char c[20];
    c[0]='H';
    c[1]='e';
    c[2]='l';
    c[3]='l';
    c[4]='o';
```

```
        c[5]='!';
        c[6]='\0';
        printf("1:%s\n",c);
        c[0]='H'+128;
        c[1]='e'+128;
        c[2]='l'+128;
        c[3]='l'+128;
        c[4]='o'+128;
        c[5]='!'+128;
        c[6]='\0';
        printf("2:%s\n",c);
}
```

注释：

（1）执行 printf("1:%s\n",c);，输出：1:Hello!。执行 printf("2:%s\n",c);，输出：2:儒袄铩。第 1 个输出的是由字符构成的字符串，第 2 个输出的是汉字，如图 2.16 所示。

（2）H 的 ASCII 码值是 72（0100 1000），'H'+128 的值为 200（1100 1000）。e 的 ASCII 码值是 101（0110 0101），'e'+128 的值为 229（1110 0101）。'H'+128 和'e'+128 形成汉字"儒"的编码 1100 1000 1110 0101（机内码）。一个汉字是由两个字符的 ASCII 码构成的，且每个字符的 ASCII 码值均要加上 128（1000 0000），即进行二进制数运算：0100 1000 0110 0101+1000 0000 1000 0000。

图 2.16　ASCII 码与汉字

 探索 ---

编写程序，求"程序设计与计算思维"的汉字编码构成。

第 **3** 章 运算符与表达式

案例 **7**：算术运算符与表达式

Prog7.1

```
#include "stdio.h"
int main()
{
    int a;
    a=23-14+5;
    printf("1:23-14:%d,23-14+5:%d\n",23-14,a);
    a=23-14*5;
    printf("2:14*5:%d,23-14*5:%d\n",14*5,a);
}
```

注释：

（1）23-14+5 表达式中有+和-两个运算符，若-在左则先算-，若+在左则先算+，这是运算符的"结合性"。

（2）23-14*5 表达式中有*和-两个运算符，先算*，这是运算符的"优先级"，运算结果如图 3.1 所示。

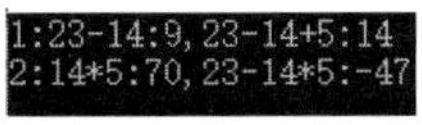

```
1:23-14:9,23-14+5:14
2:14*5:70,23-14*5:-47
```

图 3.1　运算符的优先级与结合性

（3）算术运算符的优先级。第一级是（）；第二级是+（正号），-（负号），++，--，类型名；第三级是*，/，%；第四级是+（加号），-（减号）。一般来说，算术运算符优先级分成四个级别，不同的程序设计语言划分可能有所区别。

Prog7.2

```
#include "stdio.h"
int main()
{
    int a,d;
    a=5;
    printf("1:a->%d,",a);
    d=a++;
```

```
        printf("a++->%d,",d);
        printf("a->%d\n",a);
        a=5;
        printf("2:a->%d,",a);
        d=++a;
        printf("a++->%d,",d);
        printf("a->%d\n",a);
        a=5;
        printf("3:a->%d,",a);
        d=a--;
        printf("a--->%d,",d);
        printf("a->%d\n",a);
        a=5;
        printf("4:a->%d,",a);
        d=--a;
        printf("--a->%d,",d);
        printf("a->%d\n",a);
    }
```

注释：

（1）输出：1:a->5,a++->5,a->6，a++之前 a 的值是 5，a++之后 a 的值是 6，a++的值是 a 自增前的值，则 a++的值是 5。输出：2:a->5,a++->6,a->6，++a 之前 a 的值是 5，++a 之后 a 的值是 6，++a 的值是 a 自增后的值，则++a 的值是 6，如图 3.2 所示。

（2）输出：3:a->5,a---->5,a->4，a--之前 a 的值是 5，a--之后 a 的值是 4，a--的值是 a 自减前的值，则 a--的值是 5。输出：4:a->5,--a->4,a->4，--a 之前 a 的值是 5，--a 之后 a 的值是 4，--a 的值是 a 自减后的值，则--a 的值是 4，如图 3.2 所示。

图 3.2 ++（自增）和--（自减）运算

（3）++（自增）和--（自减）运算的对象必须是存储单元，不能是其他形式。以下 ++（自增）和--（自减）运算均是不合法的：++3，--4，++(a+b)，++fun(5)。

Prog7.3

```
#include "stdio.h"
int main()
{
    int a,d;
    double b;
    a=1;
```

```
        printf("1:a->%d:",a);
        d=-a;
        printf("-a->%d(补码的十进制数:%u)\n",d,d);
        a=27;
        printf("2:a->%d:",a);
        d=a%4;
        printf("%d%%4->%d\n",a,d);
        b=34.175;
        printf("3:b->%f:",b);
        d=(int)b;
        printf("(int)%f->%d",b,d);
        printf(":b->%f\n",b);
    }
```

注释：

（1）输出：1:a->1:-a->-1（补码的十进制数:4294967295），-a 运算是求补运算，-(-a)的结果是 a，即补码的补码是原码。输出：2:a->27:27%4->3，27%4 运算是求模运算（求余数运算），求模运算要求分子与分母都是整数，如 27.2%4 的运算是不合法的，如图 3.3 所示。

（2）输出：b->34.175000：(int)34.175000->34：b->34.175000，(int)b 之前 b 的类型是 double，(int)b 之后 b 的类型还是 double，(int)b 的类型是 int，如图 3.3 所示。

```
1:a->1:-a->-1(补码的十进制数:4294967295)
2:a->27:27%4->3
3:b->34.175000:(int)34.175000->34:b->34.175000
```

图 3.3　求补、求模及强制类型转换运算

Prog7.4

```
#include "stdio.h"
int main()
{
    int a,d;
    float   b;
    char c;
    a=23;
    c='A';
    d=a+c;
    printf("1:d->%d(int)\n",d);
    b=a+12.5;
    printf("2:b->%f(double),b->%d(int)\n",b,b);
}
```

注释：

（1）d=a+c 是整型数据和字符型数据运算，执行 printf("1:d->%d(int)\n",d);的结果为整型数据，如图 3.4 所示。

（2）b=a+12.5 是整型数据和实型数据运算，执行 printf("2:b->%f(double),b->%d(int)\ n", b, b);的结果为实型数据，如图 3.4 所示。

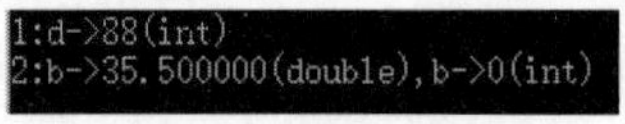

```
1:d->88(int)
2:b->35.500000(double),b->0(int)
```

图 3.4　数据类型转换

（3）算术表达式类型转换法则：字符型（char）转变成整型（int）；float 型转变成 double 型；运算对象仅 int 型则不转换。

案例 8：关系运算符与表达式

Prog8.1

```c
#include "stdio.h"
int main()
{
    int a,b,c;
    a=23;
    b=14;
    c=a>b;
    printf("%d>%d:%d\n",a,b,c);
    c=a<b;
    printf("%d<%d:%d\n",a,b,c);
    return 0;
}
```

注释：

（1）输出：23>14:1，23<14:0 的值为逻辑值，1 代表逻辑"真"，0 代表逻辑"假"，如图 3.5 所示。

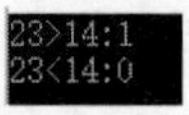

```
23>14:1
23<14:0
```

图 3.5　关系运算

（2）关系运算符包括>、>=、<、<=、==、!=，不同的程序设计语言关系运算符的写法有所差异。

（3）关系运算符"连着"运算会出现与"人"判断的不一致性。例如，3>2>1，人的判断是"真"，但该关系表达式在计算机中的运算结果为"假"，因为该关系表达式的运算过程为第一步 3>2 结果为 1，第二步 1（3>2 结果）>1 结果为 0。

案例 9：逻辑运算符与表达式

Prog9.1

```
#include "stdio.h"
int main()
{
    int a,b,c,d;
    a=23;
    b=14;
    c=17;
    d=a>c&&b<c;
    printf("1:%d>%d&&%d<%d:%d&&%d:%d\n",a,c,b,c,a>c,b<c,d);
    d=a>c&&b>c;
    printf("2:%d>%d&&%d>%d:%d&&%d:%d\n",a,c,b,c,a>c,b>c,d);
    d=a<c&&b<c;
    printf("3:%d<%d&&%d<%d:%d&&%d:%d\n",a,c,b,c,a<c,b<c,d);
    d=a<c&&b>c;
    printf("4:%d<%d&&%d>%d:%d&&%d:%d\n",a,c,b,c,a<c,b>c,d);
    return 0;
}
```

注释：

（1）输出：1:23>17&&14<17:1&&1:1。&&是逻辑与运算符，该运算符的运算对象 23>17、14<17:1、1 都为逻辑值（真：1 或非零，假：0），运算结果为逻辑值（真：1，假：0）。

（2）逻辑与运算法则。1:23>17&&14<17:1&&1:1，两个对象均为"真"（1 或非零），结果为"真"（1）；2:23>17&&14>17:1&&0:0，左对象为"真"（1 或非零），右对象为"假"（0），结果为"假"（0）；3:23<17&&14<17:0&&1:0，左对象为"假"（0），右对象为"真"（1 或非零），结果为"假"（0）；4:23<17&&14>17:0&&0:0，两个对象均为"假"（0），结果为"假"（0），如图 3.6 所示。

图 3.6　逻辑与运算

（3）逻辑与运算对象：14&&23 合法，14&&23 等价于 1&&1，运算结果为逻辑值"真"（1）。

Prog9.2

```
#include "stdio.h"
int main()
{
    int a,b,c,d;
    a=23;
    b=14;
    c=17;
    d=a>c||b<c;
    printf("1:%d>%d||%d<%d:%d||%d:%d\n",a,c,b,c,a>c,b<c,d);
    d=a>c||b>c;
    printf("2:%d>%d||%d>%d:%d||%d:%d\n",a,c,b,c,a>c,b>c,d);
    d=a<c||b<c;
    printf("3:%d<%d||%d<%d:%d||%d:%d\n",a,c,b,c,a<c,b<c,d);
    d=a<c||b>c;
    printf("4:%d<%d||%d>%d:%d||%d:%d\n",a,c,b,c,a<c,b>c,d);
    return 0;
}
```

注释：

（1）输出：1:23>17||14<17:1||1:1。||是逻辑或运算符，该运算符的运算对象 23>17、14<17:1、1 为逻辑值（真：1 或非零，假：0），运算结果为逻辑值（真：1，假：0）。

（2）逻辑或运算法则。1:23>17||14<17:1||1:1，两个对象均为"真"（1 或非零），结果为"真"（1）；2:23>17||14>17:1||0:1，左对象为"真"（1 或非零），右对象为"假"（0），结果为"真"（1）；3:23<17||14<17:0||1:1，左对象为"假"（0），右对象为"真"（1 或非零），结果为"真"（1）；4:23<17||14>17:0||0:0，两个对象均为"假"（0），结果为"假"（0），如图 3.7 所示。

图 3.7　逻辑或运算

（3）逻辑或运算对象：14||23 合法，14||23 等价于 1||1，运算结果为逻辑值"真"（1）。

Prog9.3

```
#include "stdio.h"
int main()
{
```

```
    int a,b,d;
    a=23;
    b=14;
    d=!(a>b);
    printf("1:!(%d>%d):!%d:%d\n",a,b,a>b,d);
    d=!(a<b);
    printf("2:!(%d<%d):!%d:%d\n",a,b,a<b,d);
    d=!(-4);
    printf("3:!(-4):!%d:%d\n",1,d);
    return 0;
}
```

注释：

（1）输出：1:!(23>14):!1:0。! 是逻辑非运算符，该运算符的运算对象 23>14、1 为逻辑值（真：1 或非零，假：0），运算结果为逻辑值（真：1，假：0）。

（2）逻辑非运算法则。1:!(23>14):!1:0，运算对象均为"真"（1 或非零），结果为"假"（0）；2:!(23<14):!0:1，运算对象均为"假"（0），结果为"真"（1），如图 3.8 所示。

图 3.8 逻辑非运算

（3）逻辑非运算对象：3:!(-4):!1:0 合法，!(-4)等价于!1。!a>b 中的! 运算的对象是 a，!(a>b)中的! 运算的对象是(a>b)，"！"（与++和--处于同一优先级）运算符的优先级高于"＞"。

Prog9.4

```
#include "stdio.h"
int main()
{
    int a,b,c,d;
    a=23;
    b=14;
    c=17;
    d=(a>b)&&(c=1);
    printf("1:(%d>%d)&&(c=1):d=%d=>c=%d\n",a,b,d,c);
    c=17;
    d=(a<b)&&(c=1);
    printf("2:(%d<%d)&&(c=1):d=%d=>c=%d\n",a,b,d,c);
    d=(a>b)||(c=1);
    printf("3:(%d>%d)||(c=1):d=%d=>c=%d\n",a,b,d,c);
    c=17;
```

```
d=(a<b)||(c=1);
printf("4:(%d<%d)||(c=1):d=%d=>c=%d\n",a,b,d,c);
return 0;
}
```

注释：

（1）当 c=17 时，输出：1:(23>14)&&(c=1):d=1=>c=1，&&运算符的左对象 23>14，运算结果为逻辑值"真"（1），此时&&运算符的运算结果由右对象决定（真：1，假：0），(c=1)执行。输出：2:(23<14)&&(c=1):d=0=>c=17，&&运算符的左对象 23<14，运算结果为逻辑值"假"（0），此时&&运算结果就是左对象的运算结果即逻辑值"假"（0），与右对象无关，(c=1)不执行，此现象为逻辑与运算的"短路"现象，如图 3.9 所示。

（2）当 c=17 时，输出：4:(23<14)||(c=1):d=1=>c=1，||运算符的左对象 23<14，运算结果为逻辑值"假"（0），此时||运算符的运算结果由右对象决定（真：1，假：0），(c=1)执行。输出：3:(23>14)||(c=1):d=1=>c=17，||运算符的左对象 23>14，运算结果为逻辑值"真"（1），此时||运算结果就是左对象的运算结果即逻辑值"真"（1），与右对象无关，(c=1)不执行，此现象为逻辑或运算的"短路"现象，如图 3.9 所示。

图 3.9　逻辑运算的"短路"现象

（3）"短路"现象可产生更加灵活的逻辑推理功能。

案例 10：赋值运算符与表达式

Prog10.1

```
#include "stdio.h"
int main()
{
    int a,b;
    a=b=2;
    printf("1:a=%d,b=%d\n",a,b);
    a=2;
    a=a+2;
    printf("2:a=a+2:%d\n",a);
    a=2;
    a+=2;
    printf("3:a+=2:%d\n",a);
}
```

注释：

（1）a=b=2，先算 b=2，再算 a=b，赋值运算符的结合性为"右结合性"，其优先级低于逻辑运算符。

（2）执行 a=2;a=a+2;，输出：2:a=a+2:4；执行 a=2;a+=2;，输出：3:a+=2:4，则 a+=2 与 a=a+2 等价，如图 3.10 所示。

图 3.10 赋值运算符的运算

（3）+=是复合赋值运算符，类似的还有−=、*=、/=、%=等。

案例 11：逗号运算符与表达式

Prog11.1

```c
#include "stdio.h"
int main()
{
    int a,b,c;
    a=b=3;
    c=(a+b,a*b);
    printf("1:c=(%d+%d,%d*%d):c=%d\n",a,b,a,b,c);
    c=a+b,a*b;
    printf("2:c=%d+%d,%d*%d:c=%d\n",a,b,a,b,c);
}
```

注释：

（1）执行 c=(a+b,a*b);，输出：1:c=(3+3,3*3):c=9，（3+3,3*3）的运算结果是 9（3×3），如图 3.11 所示。

（2）执行 c=a+b,a*b;，输出：2:c=3+3,3*3:c=6，逗号运算符的优先级低于赋值运算符，如图 3.11 所示。

图 3.11 逗号运算符的运算

（3）逗号在高级语言中不一定都是运算符。

 **探索**

分析"万年历"中"闰年"的条件。

第 **4** 章　　输入与输出

案例 **12**：整型数据输入

Prog12.1

```
#include "stdio.h"
int main()
{
    int a,b,c;
    printf("enter a:");
    scanf("%d",&a);
    printf("1:a=%d\n",a);
    printf("enter b:");
    scanf("%d",&b);
    printf("2:b=%d\n",b);
    printf("enter a,b:");
    scanf("%d%d",&a,&b);
    printf("3:a=%d,b=%d\n",a,b);
    printf("enter a,b:");
    scanf("%2d%3d",&a,&b);
    printf("4:a=%d,b=%d\n",a,b);
    printf("enter a,b:");
    scanf("%d%*d%d",&a,&b);
    printf("5:a=%d,b=%d\n",a,b);
}
```

注释：

（1）scanf("%d",&a);，%d 控制输入一个整型数据，&a 要求输入数据传送的方式为输入对象的地址，输入格式：scanf(格式控制符串,输入地址项列表)。例如，整型数据 b 的输入：scanf("%d",&b);。

（2）scanf("%d%d",&a,&b);，"%d%d"表示连着输入两个整型数据，交互输入：23(space)14 或 23(tab)14 或 23(enter)14。scanf("%2d%3d",&a,&b);，"%2d%3d"表示通过宽度控制输入，交互输入：23456，则 23（宽度为 2）输入整型变量 a 中，456（宽度为 3）输入整型变量 b 中。scanf("%d%*d%d",&a,&b);，"%d%*d%d"表示通过%*d 放弃对应输入，交互输入：23 14 58，则 23 输入整型变量 a 中，14 被放弃，58（宽度为 3）输入整型变量 b 中，如图 4.1 所示。

图 4.1　整型数据输入

（3）交互输入：运行程序时由用户提供输入数据，程序员在编写程序时要定义数据形式及输入格式。

案例 13：实型数据输入

Prog13.1

```
#include "stdio.h"
int main()
{
    float a;
    double b;
    printf("enter a:");
    scanf("%f",&a);
    printf("1:a=%f\n",a);
    printf("enter b:");
    scanf("%lf",&b);
    printf("2:b=%f\n",b);
    printf("enter a:");
    scanf("%7f",&a);
    printf("3:a=%f\n",a);
}
```

注释：

（1）scanf("%f",&a);，%f 控制输入单精度实数；　scanf("%lf",&b);，%lf 控制输入双精度实数。

（2）执行 scanf("%7f",&a);，交互输入：23.765892，实数宽度为 9，则取左边 7 列输入实型变量 a 中，输出：3:a=23.765800（第八列 9 和第九列 2 被舍弃），如图 4.2 所示。

图 4.2　实型数据输入

（3）输入实型数据错误的格式有"%m.nf"，例如，scanf("%7.2f",&a);是非法的。

案例14：字符型数据输入

Prog14.1

```
#include "stdio.h"
int main()
{
    char a;
    printf("enter a:");
    scanf("%c",&a);
    printf("1:a=%c,a=%d\n",a,a);
    printf("enter a:");
    a=getchar();
    printf("2:a=%c,a=%d\n",a,a);
    printf("enter a:");
    a=getchar();
    printf("3:a=%c,a=%d\n",a,a);
    printf("enter a:");
    getchar();
    a=getchar();
    printf("4:a=%c,a=%d\n",a,a);
}
```

注释：

（1）scanf("%c",&a);，%c 控制输入字符型数据，执行 printf("1:a=%c,a=%d\n",a,a);，输出：1:a=d,a=100，字符变量 a 中存储的是字符 d，其 ASCII 码值为 100。执行 a=getchar();，库函数 getchar()的功能是输入一个字符型数据并将该数据赋值给变量 a，输出：4:a=d,a=100，则 scanf("%c",&a);等价于 a=getchar();，如图4.3所示。

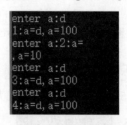

图4.3　字符型数据输入

（2）执行 scanf("%c",&a);，输入：enter a:d（回车），输出：1:a=d,a=100。执行 a=getchar();，输入：enter a:（未能交互），输出：2:a=（回车),a=10（如图 4.3 所示），则

第一次输入的回车被第二次作为输入，因此第二次输出的是一个回车（enter），其 ASCII 码值为 10，因为回车（enter）也是一个字符。

（3）如果在一个程序中字符不是第一个输入，正确解决输入的方法是，先执行 getchar();，吸收前面的回车（enter），再执行 a=getchar();。

案例 15：数值型数据与字符型数据混合输入

Prog15.1

```c
#include "stdio.h"
int main()
{
    int a,b;
    char c;
    a=b=2;
    printf("1 enter a,c,b:");
    scanf("%d%c%d",&a,&c,&b);
    printf("1:a=%d,b=%d,c=%c\n",a,b,c);
    a=b=2;
    printf("2 enter a,c,b:");
    scanf("%d%c%d",&a,&c,&b);
    printf("2:a=%d,b=%d,c=%c\n",a,b,c);
    a=b=2;
    printf("3 enter a,c,b:");
    scanf("%d%c%d",&a,&c,&b);
    printf("3:a=%d,b=%d,c=%c\n",a,b,c);
}
```

注释：

（1）scanf("%d%c%d",&a,&c,&b);，"%d%c%d"格式控制符串中，%d%c 表示数值型数据与字符型数据连着输入，%c%d 表示字符型数据与数值型数据连着输入。

（2）第一次输入：1 enter a,c,b:23d14，则 23 传送给数值变量 a，d 传送给字符变量 c，14 传送给数值变量 b，输出：1:a=23,b=14,c=d，结果正确，说明用户输入时数值型数据与字符型数据之间及字符型数据与数值型数据之间不要分隔符。第二次输入：2 enter a,c,b:23d 14，23 传送给数值变量 a，d 传送给字符变量 c，d 与 14 之间有空格分隔，14 传送给数值变量 b，输出：2:a=23,b=14,c=d，结果正确，说明用户输入时字符型数据与数值型数据之间可以用空格分隔符。第三次输入：3 enter a,c,b:23 d 14，23 传送给数值变量 a，空格传送给字符变量 c，14 没有传送给数值变量 b，输出：3:a=23,b=2,c=，结果不是预期的，说明用户输入时数值型数据与字符型数据之间不可以用空格分隔符，如图 4.4 所示。

```
1 enter a,c,b:23d14
1:a=23,b=14,c=d
2 enter a,c,b:23d 14
2:a=23,b=14,c=d
3 enter a,c,b:23 d 14
3:a=23,b=2,c=
```

图 4.4　数值型数据与字符型数据的混合输入

（3）连续输入解决方法：将 scanf("%d%c%d",&a,&c,&b);　替换成 scanf("%d ",&a);c=getchar();scanf("%d",&b);，输入功能相同。

案例 16：整型数据输出

Prog16.1

```
#include "stdio.h"
int main()
{
    int a,b,c;
    a=23;b=14;c=a+b;
    printf("1:a=%d,b=%d,c=%d+%d=%d\n",a,b,a,b,c);
    a=23;b=14;c=a+b;
    printf("2:a=(right)|%5d|(left)b=%-5d|c=%d+%d=%+d\n",a,b,a,b,c);
    a=1234567;
    printf("3:a=|%5d|\n",a);
}
```

注释：

（1）printf("1:a=%d,b=%d,c=%d+%d=%d\n",a,b,a,b,c);，"%d"控制输出一个整型数据，输出格式：printf("格式控制符串",输出项列表);，格式控制符串由两部分组成，分别是普通字符和格式控制符。本案例中，普通字符：1:a=,b=,c=+=\n，格式控制符：%d，如图 4.5 所示。

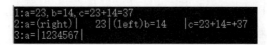

```
1:a=23,b=14,c=23+14=37
2:a=(right)|   23|(left)b=14   |c=23+14=+37
3:a=|1234567|
```

图 4.5　整型数据输出

（2）执行 printf("1:a=%d,b=%d,c=%d+%d=%d\n",a,b,a,b,c);，输出：1:a=23, b=14, c=23+14=37，其中，a=%d 中的%d 控制输出 a,b,a,b,c 列表中第一项变量 a 的值 23，b=%d 中的%d 控制输出 a,b,a,b,c 列表中第二项变量 b 的值 14，c=%d+%d=%d 中的%d+%d 和最后一个%d 依次控制输出 a,b,a,b,c 列表中第三项变量 a 的值 23、第四项变量 b 的值 14 及第五项

变量 c 的值 37，格式控制符串%d+%d 不具有计算功能。

执行 printf("2:a=(right)|%5d|(left)b=%-5d|c=%d+%d=%+d\n",a,b,a,b,c);，输出：2:a=(right)| 23|(left)b=14 |c=23+14=+37。其中，(right)|%5d|中的%5d 控制输出 a,b,a,b,c 列表中第一项变量 a 的值占用宽度为 5，变量 a 的值 23 占用宽度为 2，因此输出：(right)| 23|。23 的左边有 3 个空格。|(left)b=%-5d|控制输出 a,b,a,b,c 列表中第二项变量 b 的值占用宽度为 5，变量 b 的值 14 占用宽度为 2，因此输出：|(left)b=14 |。%-5d 的"-"控制 14 的右边有 3 个空格。格式控制符串中的%+d，控制输出：+37，"+"控制输出正号。

执行 a=1234567;printf("3:a=|%5d|\n",a);，输出：3:a=|1234567|。其中，|%5d|中的%5d 控制输出变量 a 的值占用宽度为 5，但变量 a 的值为 1234567，全部输出需要占用 7 列，如果以 5 列输出 a，则结果不准确，因此不受 5 限制，如图 4.5 所示。

（3）整型数据可以通过宽度变量 n 指定，通过参数符号"-"和"+"设置输出效果，这种控制对实型数据输出有同样效果。

案例 17：实型数据输出

Prog17.1

```c
#include "stdio.h"
int main()
{
    float a;
    double b;
    a=23.4567;
    b=0.14;
    printf("1:a=%f,b=%f\n",a,b);
    a=23.4567;
    b=0.1469473;
    printf("2:a=|%.2f| b=%12.4f|\n",a,b);
    a=23.4567894;
    printf("3:a=|%f|\n",a);
    a=23.4567894;
    printf("4:a=|%e|\n",a);
}
```

注释：

（1）执行 printf("1:a=%f,b=%f\n",a,b);，输出：1:a=23.456699,b=0.140000。%f 控制输出一个实型数据，单精度实型数据和双精度实型数据输出均使用%f，输出时默认小数位数为 6，单精度实型数据输出的小数值可能与实际值相差不大于 1e-6 的值，如图 4.6 所示。

（2）执行 printf("2:a=|%.2f| b=%12.4f|\n",a,b);，输出：2:a=|23.46| b=   0.1469|。%.2f 控制输出结果小数位数为 2，输出：23.46（23.4567 小数点后有 4 位，第 3 位四舍五入）。%12.4f 控制输出结果占用宽度 12 位，其中小数位数为 4 位。执行 a=23.4567894;printf("3:a=|%f|\n",a);，输出：3:a=|23.456789|，实数的最大输出宽度为"整数部分宽度+6+1"，如图 4.6 所示。

图 4.6　实型数据输出

（3）实数的输出格式控制符还有%e、%g 等。例如，%e 控制输出宽度为 13 列（输出：4:a=|2.345679e+001|，其中 2.345679e+001 占用输出宽度为 13 列）；%n.mf 中 n 控制整个实数的输出宽度，m 控制输出小数位数。

案例 18：字符型数据输出

Prog18.1

```c
#include "stdio.h"
int main()
{
    char a;
    a='A';
    printf("1:a=%c,a=%d\n",a,a);
    putchar('2');
    putchar(':');
    putchar('a');
    putchar('=');
    putchar(a);
    putchar(',');
    putchar('a');
    putchar('=');
    printf("%d",a);
    putchar('\n');
}
```

注释：

（1）执行 printf("1:a=%c,a=%d\n",a,a);，输出：1:a=A,a=65。%c 控制输出一个字符型数据，对字符型数据也可输出其 ASCII 码值。执行 putchar('2');，输出一个字符 2。

（2）执行 putchar('2');…putchar('\n');，输出：2:a=A,a=65，则 printf("1:a=%c,a=%d\ n",a,a);等价于 putchar('2');…putchar('\n');，如图 4.7 所示。

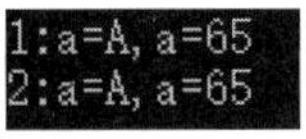

```
1:a=A, a=65
2:a=A, a=65
```

图 4.7　字符型数据输出

（3）putchar(ch);⇔scanf("%c",ch)。

案例 19：文件数据写入和读出

Prog19.1

```c
#include "stdio.h"
#include "windows.h"
int main()
{
    FILE *fp;
    char ch;
    if((fp=fopen("abc.txt","w"))==NULL)
    {
        printf("Noopened\n");
        exit(1);
    }
/*-------------------------------------------*/
    printf("press a key:");
    ch=getchar();
    putc(ch,fp);
    printf("0:ch=%c\n",ch);
    printf("EOF:%d\n",EOF);
    if(fgetc(fp)==EOF)
        printf("yes!\n");
    else
        printf("NO!\n");
    printf("feof(fp):%d\n",feof(fp));
    if(feof(fp))
        printf("yes!\n");
    else
        printf("NO!\n");
    fclose(fp);
/*-------------------------------------------*/
    if((fp=fopen("abc.txt","r"))==NULL)
```

```
    {
        printf("Noopened\n");
        exit(1);
    }
    ch=getc(fp);
    printf("1:ch=%c\n",ch);
    printf("EOF:%d\n",EOF);
    if(fgetc(fp)==EOF)
        printf("yes!\n");
    else
        printf("NO!\n");
    printf("feof(fp):%d\n",feof(fp));
    if(feof(fp))
        printf("yes!\n");
    else
        printf("NO!\n");
    ch=getc(fp);
    printf("2:ch=%c\n",ch);
    printf("EOF:%d\n",EOF);
    if(fgetc(fp)==EOF)
        printf("yes!\n");
    else
        printf("NO!\n");
    printf("feof(fp):%d\n",feof(fp));
    if(feof(fp))
        printf("feof(fp)->%d:file end!\n",feof(fp));
    else
        printf("feof(fp)->%d:file noend!\n",feof(fp));
/*----------------------------------------------*/
    rewind(fp);
    if(feof(fp))
        printf("feof(fp)->%d:file end!\n",feof(fp));
    else
        printf("feof(fp)->%d:file noend!\n",feof(fp));
    ch=getc(fp);
    fputc(ch,stdout);
    printf("\n");
    fclose(fp);
    return 0;
}
```

注释：

（1）FILE *fp 定义文件指针 fp，FILE 是文件类型。fp=fopen("abc.txt","w")的功能是

打开文件，通用格式为 fopen("文件名","文件读写模式")。fopen("abc.txt","w")，文件名是 abc.txt，打开模式为 w（表示"写模式"），该文件可以事先不存在，打开时系统会自动创建。执行 putc(ch,fp);，将 ch 变量值写到文件（如 abc.txt）fp 所指的位置上，如图 4.8 所示。

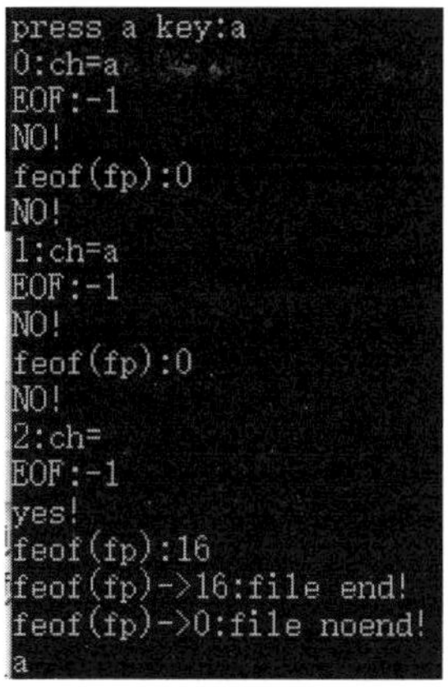

图 4.8　文件指针的使用

（2）EOF 的值为–1，代表文件结束。feof(fp)也用于判断文件是否结束，其值为 0 代表文件没有结束，反之代表文件结束。输出：feof(fp)->16:file end!，表示文件指针所在位置是文件结束位置；输出：feof(fp)->0:file noend!，表示文件指针所在的位置不是文件结束位置。

探索

有下列一串数据，试统计其中字母、整数、实数的个数。

A 23 2.54 a 3.14 bc　　32

第 5 章　顺序结构程序设计与执行

案例 20：顺序结构程序设计与执行

Prog20.1

```
#include "stdio.h"
int main()
{
    printf("A->");
    printf("B->");
    printf("C->");
    printf("D\n");
    return 0;
}
```

注释：

（1）先执行 printf("A->");，接着执行 printf("B->");，然后执行 printf("C->");，最后执行 printf("D\n");，输出：A->B->C->D，这四条执行语句是顺序结构的。

（2）顺序结构执行的特征是执行语句从上到下顺次执行，每条执行语句均执行一次且仅执行一次。

案例 21：数据的交换

Prog21.1

```
#include "stdio.h"
int main()
{
    int a,b,t;
    a=23;
    b=14;
    printf("0:a=%d,b=%d\n",a,b);
    t=a;
    printf("0.1:t=%d,a=%d\n",t,a);
    a=b;
    printf("0.2:a=%d,b=%d\n",a,b);
```

```
        b=t;
        printf("0.3:b=%d,t=%d\n",b,t);
        printf("1:a=%d,b=%d\n",a,b);
        t=a;
        printf("1.1:t=%d,a=%d\n",t,a);
        a=b;
        printf("1.2:a=%d,b=%d\n",a,b);
        b=t;
        printf("1.3:b=%d,t=%d\n",b,t);
        printf("2:a=%d,b=%d\n",a,b);
}
```

注释：

（1）执行 a=23;b=14;printf("0:a=%d,b=%d\n",a,b);，输出：0:a=23,b=14。顺次执行 t=a;printf("0.1:t=%d,a=%d\n",t,a);，输出：0.1:t=23,a=23，变量 a 的值赋给变量 t。顺次执行 a=b;printf("0.2:a=%d,b=%d\n",a,b);，输出：0.2:a=14,b=14，变量 b 的值赋给变量 a。顺次执行 b=t;printf("0.3:b=%d,t=%d\n",b,t);，输出：0.3:b=23,t=23，变量 t 的值赋给变量 b。顺次执行 printf("1:a=%d,b=%d\n",a,b);，输出：1:a=14,b=23，至此变量 a 和变量 b 实现交换，如图 5.1 所示。

图 5.1　两个变量的交换

（2）执行 t=a;printf("1.1:t=%d,a=%d\n",t,a);，输出：1.1:t=14,a=14，变量 a 的值赋给变量 t。顺次执行 a=b;printf("1.2:a=%d,b=%d\n",a,b);，输出：1.2:a=23,b=23，变量 b 的值赋给变量 a。顺次执行 b=t;printf("1.3:b=%d,t=%d\n",b,t);，输出：1.3:b=14,t=14，变量 t 的值赋给变量 b。顺次执行 printf("2:a=%d,b=%d\n",a,b);，输出：2:a=23,b=14，至此变量 a 和变量 b 再次实现交换，如图 5.1 所示。

（3）此程序实现两次交换，采用"顺序结构"，用变量 t 协助完成。状态 0 到状态 1 实现一次交换，状态 1 到状态 2 实现一次交换，状态 2 与状态 0 的结果相同。

Prog21.2

```
#include "stdio.h"
int main()
{
    int a,b;
    a=23;
```

```
        b=14;
        printf("0:a=%d,b=%d\n",a,b);
        a=a+b;
        printf("0.1:a=%d,b=%d\n",a,b);
        b=a-b;
        printf("0.2:a=%d,b=%d\n",a,b);
        a=a-b;
        printf("1:a=%d,b=%d\n",a,b);
        a=a+b;
        printf("1.1:a=%d,b=%d\n",a,b);
        b=a-b;
        printf("1.2:a=%d,b=%d\n",a,b);
        a=a-b;
        printf("2:a=%d,b=%d\n",a,b);
    }
```

注释:

（1）执行 a=23;b=14;printf("0:a=%d,b=%d\n",a,b);，输出：0:a=23,b=14。顺次执行 a=a+b;printf("0.1:a=%d,b=%d\n",a,b);，输出：0.1:a=37,b=14，变量 a 被赋予表达式 a+b 的值。顺次执行 b=a-b;printf("0.2:a=%d,b=%d\n",a,b);，输出：0.2:a=37,b=23，变量 b 被赋予表达式 a-b 的值。顺次执行 a=a-b;printf("1:a=%d,b=%d\n",a,b);，输出：1:a=14,b=23，变量 a 被赋予表达式 a-b 的值，至此变量 a 和变量 b 实现交换，如图 5.2 所示。

图 5.2　两个变量的交换（无 t）

（2）执行 a=a+b; printf("1.1:a=%d,b=%d\n",a,b);，输出：1.1:a=37,b=23，变量 a 被赋予表达式 a+b 的值。顺次执行 b=a-b; printf("1.2:a=%d,b=%d\n",a,b);，输出：1.2:a=37,b=14，变量 b 被赋予表达式 a-b 的值。顺次执行 a=a-b; printf("2:a=%d,b=%d\n",a,b);，输出：2:a=23,b=14，变量 a 被赋予表达式 a-b 的值，至此变量 a 和变量 b 又一次实现了交换，如图 5.2 所示。

（3）此程序实现两次交换，采用"顺序结构"，未使用变量 t 协助完成，但功能与 Prog20.1 相同。

Prog21.3

```
#include "stdio.h"
int main()
{
```

```
    int a,b,c,t;
    a=23;
    b=14;
    c=9;
    printf("0:a=%d,b=%d,c=%d\n",a,b,c);
    t=a;
    printf("0.1:a=%d,b=%d,c=%d,t=%d\n",a,b,c,t);
    a=c;
    printf("0.2:a=%d,b=%d,c=%d,t=%d\n",a,b,c,t);
    c=b;
    printf("0.3:a=%d,b=%d,c=%d,t=%d\n",a,b,c,t);
    b=t;
    printf("0.4:a=%d,b=%d,c=%d,t=%d\n",a,b,c,t);
    printf("1:a=%d,b=%d,c=%d\n",a,b,c);
    t=a;
    printf("1.1:a=%d,b=%d,c=%d,t=%d\n",a,b,c,t);
    a=c;
    printf("1.2:a=%d,b=%d,c=%d,t=%d\n",a,b,c,t);
    c=b;
    printf("1.3:a=%d,b=%d,c=%d,t=%d\n",a,b,c,t);
    b=t;
    printf("1.4:a=%d,b=%d,c=%d,t=%d\n",a,b,c,t);
    printf("2:a=%d,b=%d,c=%d\n",a,b,c);
    t=a;
    printf("2.1:a=%d,b=%d,c=%d,t=%d\n",a,b,c,t);
    a=c;
    printf("2.2:a=%d,b=%d,c=%d,t=%d\n",a,b,c,t);
    c=b;
    printf("2.3:a=%d,b=%d,c=%d,t=%d\n",a,b,c,t);
    b=t;
    printf("2.4:a=%d,b=%d,c=%d,t=%d\n",a,b,c,t);
    printf("3:a=%d,b=%d,c=%d\n",a,b,c);
}
```

注释：

（1）执行　a=23;b=14;c=9;printf("0:a=%d,b=%d,c=%d\n",a,b,c);，输出：0:a=23,b=14,c=9。顺次执行　t=a;printf("0.1:a=%d,b=%d,c=%d,t=%d\n",a,b,c,t);…b=t;printf("0.4:a=%d,b=%d, c=%d,t=%d\n",a,b,c,t);，输出：0.1:a=23,b=14,c=9,t=23　0.2:a=9,b=14,c=9,t=23　0.3:a=9,b=14, c=14,t=23　0.4:a=9,b=23,c=14,t=23 1:a=9,b=23,c=14，从而实现变量 c 的值赋给变量 a，变量 a 的值赋给变量 b，变量 b 的值赋给变量 c，如图 5.3 所示。

（2）执行 t=a;printf("1.1:a=%d,b=%d,c=%d,t=%d\n",a,b,c,t);…b=t;printf("1.4:a=%d, b=%d, c=%d,t=%d\n",a,b,c,t);，输出：1.1:a=9,b=23,c=14,t=9　1.2:a=14,b=23,c=14,t=9　1.3:a=14, b=23, c=23,t=9　1.4:a=14,b=9,c=23,t=9　2:a=14,b=9,c=23，从而再一次实现变量 c 的值赋给变量 a（最初变量 b 的值），变量 a 的值赋给变量 b（最初变量 c 的值），变量 b 的值赋给变量 c（最初变量 a 的值）。

（3）执行 t=a;printf("2.1:a=%d,b=%d,c=%d,t=%d\n",a,b,c,t); … b=t;printf("2.4:a=%d,b=%d,c=%d,t=%d\n",a,b,c,t);，输出：2.1:a=14,b=9,c=23,t=14　2.2:a=23,b=9,c=23,t=14　2.3:a=23,b=9,c=9,t=14　2.4:a=23,b=14,c=9,t=14　3:a=23,b=14,c=9，从而又一次实现变量 c 的值赋给变量 a（最初变量 a 的值），变量 a 的值赋给变量 b（最初变量 b 的值），变量 b 的值赋给变量 c（最初变量 c 的值），如图 5.3 所示。

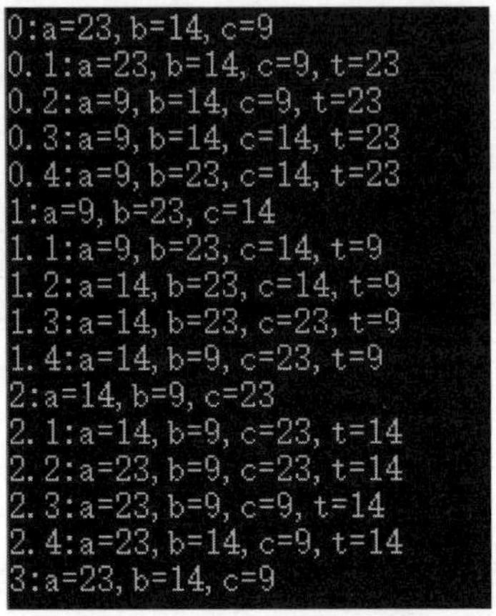

图 5.3　三个变量的交换

（4）此程序实现三个变量的交换，例如，a=23，b=14，c=9，交换后 a=9，b=23，c=14。同时可以观察到，t=a;a=c;c=b;b=t;语句序列如果顺次执行三次，又会交换回最初状态的序列。

Prog21.4

```c
#include "stdio.h"
int main()
{
    int a,b,c;
    a=23;
    b=14;
    c=9;
    printf("0:a=%d,b=%d,c=%d\n",a,b,c);
    a=a+b+c;
    printf("0.1:a=%d,b=%d,c=%d\n",a,b,c);
    b=a-b-c;
    printf("0.2:a=%d,b=%d,c=%d\n",a,b,c);
    c=a-b-c;
    printf("0.3:a=%d,b=%d,c=%d\n",a,b,c);
```

```
        a=a-b-c;
        printf("1:a=%d,b=%d,c=%d\n",a,b,c);
        a=a+b+c;
        printf("1.1:a=%d,b=%d,c=%d\n",a,b,c);
        b=a-b-c;
        printf("1.2:a=%d,b=%d,c=%d\n",a,b,c);
        c=a-b-c;
        printf("1.3:a=%d,b=%d,c=%d\n",a,b,c);
        a=a-b-c;
        printf("2:a=%d,b=%d,c=%d\n",a,b,c);
        a=a+b+c;
        printf("2.1:a=%d,b=%d,c=%d\n",a,b,c);
        b=a-b-c;
        printf("2.2:a=%d,b=%d,c=%d\n",a,b,c);
        c=a-b-c;
        printf("2.3:a=%d,b=%d,c=%d\n",a,b,c);
        a=a-b-c;
        printf("3:a=%d,b=%d,c=%d\n",a,b,c);
}
```

注释：

（1）执行 a=23;b=14;c=9;printf("0:a=%d,b=%d,c=%d\n",a,b,c);，输出：0:a=23,b=14, c=9。顺次执行 a=a+b+c;printf("0.1:a=%d,b=%d,c=%d\n",a,b,c);，输出：0.1:a=46,b=14,c=9，变量 a 的值是 a+b+c 表达式的值（三个数据的和）。顺次执行 b=a-b-c;printf("0.2:a=%d, b=%d, c=%d\n",a,b,c);c=a-b-c;printf("0.3:a=%d,b=%d,c=%d\n",a,b,c);a=a-b-c;printf("1:a=%d,b=%d,c=%d\n",a,b,c);，输出：0.2:a=46,b=23,c=9　0.3:a=46,b=23,c=14　1:a=9,b=23,c=14，从而实现变量 c 的值赋给变量 a，变量 a 的值赋给变量 b，变量 b 的值赋给变量 c，如图 5.4 所示。

图 5.4　三个变量的交换（无 t）

（2）执行 a=a+b+c;printf("1.1:a=%d,b=%d,c=%d\n",a,b,c);b=a-b-c;printf("1.2:a=%d,b=%d, c=%d\n",a,b,c);c=a-b-c;printf("1.3:a=%d,b=%d,c=%d\n",a,b,c);a=a-b-c;printf("2:a=%d,b=%d,c=%d\n",a,b,c);，输出：1.1:a=46,b=23,c=14　1.2:a=46,b=9,c=14　1.3:a=46,b=9,c=23　2:a=14,b=9, c=23，从而再一次实现变量 c 的值赋给变量 a（最初变量 b 的值），变量 a 的值赋给变量 b（最初变量 c 的值），变量 b 的值赋给变量 c（最初变量 a 的值）。

（3）执行 a=a+b+c;printf("2.1:a=%d,b=%d,c=%d\n",a,b,c);b=a-b-c;printf("2.2:a=%d,b=%d, c=%d\n",a,b,c);c=a-b-c;printf("2.3:a=%d,b=%d,c=%d\n",a,b,c);a=a-b-c;printf("3:a=%d,b=%d, c=%d\n",a,b,c);，输出：2.1:a=46,b=9,c=23 2.2:a=46,b=14,c=23 2.3:a=46,b=14,c=9 3:a=23, b=14,c=9，从而再一次实现变量 c 的值赋给变量 a（最初变量 a 的值），变量 a 的值赋给变量 b（最初变量 b 的值），变量 b 的值赋给变量 c（最初变量 c 的值），如图 5.4 所示。

（4）此程序实现不再需要变量 t，采用系统存储意识。同时可以观察到，a=a+b+c; b=a-b-c; c=a-b-c; a=a-b-c;语句序列如果顺次执行三次，又会交换回最初状态的序列。

总结：

如果有 n 个数据 a1,a2,…,an 交换，其中，a1 的值赋给 a2，a2 的值赋给 a3，……，an 的值赋给 a1，需要设计执行语句：a1=a1+a2+…+an; a2=a1-a2-…-an; …a1=a1-a2-…-an;，合计 $n+1$ 条语句。

案例 22：四舍五入

Prog22.1

```c
#include "stdio.h"
int main()
{
    double a;
    a=23.47627;
    printf("0:a=%f\n",a);
    a=a*10000;
    printf("0.1:a=%f\n",a);
    a=a+0.5;
    printf("0.2:a=%f\n",a);
    a=(int)a;
    printf("0.3:a=%f\n",a);
    a=a/10000;
    printf("1:a=%f\n",a);
    a=a*100;
    printf("1.1:a=%f\n",a);
    a=a+0.5;
    printf("1.2:a=%f\n",a);
    a=(int)a;
    printf("1.3:a=%f\n",a);
```

```
        a=a/100;
        printf("2:a=%f\n",a);
}
```

注释：

（1）执行 a=23.47627;printf("0:a=%f\n",a);，输出：0:a=23.476270。执行 a=a*10000; printf("0.1:a=%f\n",a);，输出：0.1:a=234762.700000，变量 a 的值的原来小数点后四位变成整数部分。执行 a=a+0.5;printf("0.2:a=%f\n",a);，输出：0.2:a=234763.200000，实现 234762.700000 中 的 十 分 位 0.7 （ 原 十 万 分 位 ） 与 0.5 对 齐 相 加 （ 和 进 一 ）。 执 行 a=(int)a;printf("0.3:a=%f\n",a);，输出：0.3:a=234763.000000，等号右端通过取整运算实现将前面执行结果 234763.200000 的小数部分抛弃。执行 a=a/10000;printf("1:a=%f\n",a);，输出：1:a=23.476300，通过 a=a/10000;实现变量 a 的整数部分与原值的整数部分相同，辅助数据 10000 实现"四舍五入，保留小数位数到万分位"，如图 5.5 所示。

（2）执行 a=a*100;printf("1.1:a=%f\n",a);a=a+0.5;printf("1.2:a=%f\n",a);a=(int)a;printf ("1.3:a=%f\n",a);a=a/100;printf("2:a=%f\n",a);，输出：1.1:a=2347.630000　1.2:a=2348.130000 1.3:a=2348.000000　2:a=23.480000，实现"四舍五入，保留小数位数到百分位"，如图 5.5 所示。

图 5.5　四舍五入

（3）此程序实现只需要顺序结构，执行过程中变量 a 的存储单元始终是实型数据不会改变。

 探索

> **输入一个五位整数，将该整数的个位、百位、万位组成一个新的三位数，将十位、千位组成一个新的两位数。**

案例 23：分支结构程序设计与执行

Prog23.1

```c
#include "stdio.h"
int main()
{
    int p;
    p=1;
    if(p)
        printf("if(%d)->A\n",p);
    else
        printf("else->if(%d)->B\n",p);
    p=0;
    if(p)
        printf("if(%d)->A\n",p);
    else
        printf("else->if(%d)->B\n",p);
}
```

注释：

（1）执行

```c
    p=1;
    if(p)
        printf("if(%d)->A\n",p);
    else
        printf("else->if(%d)->B\n",p);
```

输出：if(1)->A，说明当变量 p 的值为 1 时，只执行 printf("if(%d)->A\n",p);，不执行 printf("else->if(%d)->B\n",p);，如图 6.1 所示。

（2）执行

```c
    p=0;
    if(p)
        printf("if(%d)->A\n",p);
    else
        printf("else->if(%d)->B\n",p);
```

输出：else->if(0)->B，说明当变量 p 的值为 0 时，执行 printf("else->if(%d)->B\n",p);，

不执行 printf("if(%d)->A\n",p);，如图 6.1 所示。

图 6.1　分支结构的执行

（3）分支结构格式：if(p)　语句 A else　语句 B。其中，p 的值为逻辑值，p 的值为"真"（非 0 或 1）时执行语句 A，p 的值为"假"（0）时执行语句 B。

Prog23.2

```c
#include "stdio.h"
int main()
{
    int p;
    p=1;
    if(p)
        printf("1:if(%d)->A\n",p);
    p=0;
    if(p)
        printf("2:if(%d)->A\n",p);
}
```

注释：

当 p=1 时，执行 printf("1:if(%d)->A\n",p);，输出：1:if(1)->A。当 p=0 时，不执行语句 printf("2:if(%d)->A\n",p);，即没有输出，如图 6.2 所示。

图 6.2　单分支结构的执行

Prog23.3

```c
#include "stdio.h"
int main()
{
    int p,p1;
    p=1;
    p1=1;
    if(p)
        if(p1)
            printf("11:p(%d)&&p1(%d)->A1\n",p,p1);
        else
```

```
            printf("12:p(%d)&&p1(%d)−>B1\n",p,p1);
p=1;
p1=0;
if(p)
    if(p1)
            printf("21:p(%d)&&p1(%d)−>A1\n",p,p1);
    else
            printf("22:p(%d)&&p1(%d)−>B1\n",p,p1);
p=0;
p1=1;
if(p)
    if(p1)
            printf("31:p(%d)&&p1(%d)−>A1\n",p,p1);
    else
            printf("32:p(%d)&&p1(%d)−>B1\n",p,p1);
p=0;
p1=0;
if(p)
    if(p1)
            printf("41:p(%d)&&p1(%d)−>A1\n",p,p1);
    else
            printf("42:p(%d)&&p1(%d)−>B1\n",p,p1);
p=1;
p1=1;
if(p)
    {
        if(p1)
            printf("51:p(%d)&&p1(%d)−>A1\n",p,p1);
    }
else
    printf("52:p(%d)&&p1(%d)−>B1\n",p,p1);
p=1;
p1=0;
if(p)
    {
        if(p1)
            printf("61:p(%d)&&p1(%d)−>A1\n",p,p1);
    }
else
    printf("62:p(%d)&&p1(%d)−>B1\n",p,p1);
p=0;
p1=1;
if(p)
```

```
        {
            if(p1)
                printf("71:p(%d)&&p1(%d)->A1\n",p,p1);
        }
        else
            printf("72:p(%d)&&p1(%d)->B1\n",p,p1);
        p=0;
        p1=0;
        if(p)
        {
            if(p1)
                printf("81:p(%d)&&p1(%d)->A1\n",p,p1);
        }
        else
            printf("82:p(%d)&&p1(%d)->B1\n",p,p1);
}
```

注释：

（1）执行 printf("11:p(%d)&&p1(%d)->A1\n",p,p1);时，不执行 printf("12:p(%d)&&p1(%d)->B1\n",p,p1);，输出：11:p(1)&&p1(1)->A1。执行 printf("22:p(%d)&&p1(%d)->B1\n",p,p1);时，不执行 printf("21:p(%d)&&p1(%d)->A1\n",p,p1);，输出：22:p(1)&&p1(0)->B1。执行 p=0 时，所有语句均不执行，如图 6.3 所示。

（2）执行

```
p=1;
p1=1;
if(p)
        {
            if(p1)
                printf("51:p(%d)&&p1(%d)->A1\n",p,p1);
        }
        else
            printf("52:p(%d)&&p1(%d)->B1\n",p,p1);
```

输出：51:p(1)&&p1(1)->A1，说明当变量 p 的值为 1 且 p1 的值为 1 时，执行 printf("51:p(%d)&&p1(%d)->A1\n",p,p1);，而不执行 printf("52:p(%d)&&p1(%d)->B1\n",p,p1);。

执行

```
p=1;
p1=0;
if(p)
    {
        if(p1)
            printf("61:p(%d)&&p1(%d)->A1\n",p,p1);
    }
```

```
          else
              printf("62:p(%d)&&p1(%d)->B1\n",p,p1);
```

没有任何输出。

执行

```
          p=0;
          p1=1;
          if(p)
              {
                  if(p1)
                      printf("71:p(%d)&&p1(%d)->A1\n",p,p1);
              }
          else
              printf("72:p(%d)&&p1(%d)->B1\n",p,p1);
          p=0;p1=0;
          if(p)
              {
                  if(p1)
                      printf("81:p(%d)&&p1(%d)->A1\n",p,p1);
              }
          else
              printf("82:p(%d)&&p1(%d)->B1\n",p,p1);
```

输出：72:p(0)&&p1(1)->B1　82:p(0)&&p1(0)->B1，说明当变量 p 的值为 0 时，执行 printf("72:p(%d)&&p1(%d)->B1\n",p,p1);和 printf("82:p(%d)&&p1(%d)->B1\n",p,p1);，不论 p1 的值是 1 还是 0，如图 6.3 所示。

图 6.3　p->p1 分支结构的执行

（3）p->p1 分支结构格式：if(p)　if(p1) 语句A1　else　语句B1。 p 的值为"真"（非 0 或 1）且 p1 的值为"真"（非 0 或 1）时执行语句 A1，p 的值为"真"（非 0 或 1）且 p1 的值为"假"（0）时执行语句 B1。

Prog23.4

```
          #include "stdio.h"
          int main()
          {
              int p,p1,p2;
              p=1;
```

```
    p1=1;
    p2=1;
    if(p)
        if(p1)
            printf("111:p(%d)&&p1(%d)->A1\n",p,p1);
        else
            printf("112:p(%d)&&p1(%d)->B1\n",p,p1);
    else
        if(p2)
            printf("121:p(%d)&&p2(%d)->A2\n",p,p2);
        else
            printf("122:p(%d)&&p2(%d)->B2\n",p,p2);
    p=1;
    p1=0;
    p2=1;
    if(p)
        if(p1)
            printf("211:p(%d)&&p1(%d)->A1\n",p,p1);
        else
            printf("212:p(%d)&&p1(%d)->B1\n",p,p1);
    else
        if(p2)
            printf("221:p(%d)&&p2(%d)->A2\n",p,p2);
        else
            printf("222:p(%d)&&p2(%d)->B2\n",p,p2);
    p=0;
    p1=1;
    p2=1;
    if(p)
        if(p1)
            printf("311:p(%d)&&p1(%d)->A1\n",p,p1);
        else
            printf("312:p(%d)&&p1(%d)->B1\n",p,p1);
    else
        if(p2)
            printf("321:p(%d)&&p2(%d)->A2\n",p,p2);
        else
            printf("322:p(%d)&&p2(%d)->B2\n",p,p2);
    p=0;
    p1=1;
    p2=0;
    if(p)
        if(p1)
```

```
                    printf("411:p(%d)&&p1(%d)–>A1\n",p,p1);
            else
                    printf("412:p(%d)&&p1(%d)–>B1\n",p,p1);
        else
            if(p2)
                    printf("421:p(%d)&&p2(%d)–>A2\n",p,p2);
        else
                    printf("422:p(%d)&&p2(%d)–>B2\n",p,p2);
    }
```

注释：

（1）执行 p=1;p1=1;p2=1;时，选择执行：printf("111:p(%d)&&p1(%d)–>A1\n",p,p1);，输出：111:p(1)&&p1(1)–>A1，执行条件：变量 p 的值为 1 且 p1 的值为 1。执行 p=1;p1=0;p2=1;时，选择执行：printf("212:p(%d)&&p1(%d)->B1\n",p,p1);，输出：212:p(1)&&p1(0)–>B1，执行条件：变量 p 的值为 1 且 p1 的值为 0。变量 p 的值为 1 时选择执行的语句仅与 p1 的值有关，与 p2 的值无关，如图 6.4 所示。

（2）执行 p=0;p1=1;p2=1;时，选择执行："321:p(%d)&&p2(%d)–>A2\n",p,p2);，输出：321:p(0)&&p2(1)–>A2，执行条件：变量 p 的值为 0 且 p2 的值为 1。执行 p=0;p1=1;p2=0;时，选择执行：printf("422:p(%d)&&p2(%d)–>B2\n",p,p2);，输出：422:p(0)&&p2(0)–>B2，执行条件：变量 p 的值为 0 且 p2 的值为 0。变量 p 的值为 0 时选择执行的语句仅与 p2 的值有关，与 p1 的值无关，如图 6.4 所示。

（3）p–>p1: p2 分支结构格式：if(p)　if(p1) 语句 A1 else　语句 B1 else if(p2) 语句 A2 else　语句 B2。p 的值为"真"（非 0 或 1）且 p1 的值为"真"（非 0 或 1）时执行语句 A1，p 的值为"真"（非 0 或 1）且 p1 的值为"假"（0）时执行语句 B1，p 的值为"假"（0）且 p2 的值为"真"（非 0 或 1）时执行语句 A2，p 的值为"假"（0）且 p2 的值为"假"（0）时执行语句 B2。

图 6.4　p–>p1: p2 分支结构的执行

案例 24：求数据的极值

Prog24.1

```
#include "stdio.h"
int main()
{
```

```
    int a1,a2,max,min;
    a1=23;
    a2=14;
    max=min=a1;
    if(a2>max)
        max=a2;
    if(a2<min)
        min=a2;
    printf("a1=%d,a2=%d\n",a1,a2);
    printf("max=%d,min=%d\n" ,max,min);
}
```

注释：

（1）执行 max=min=a1;，先看第一个数，默认第一个数既是最大值又是最小值。

（2）执行

```
if(a2>max)
    max=a2;
if(a2<min)
    min=a2;
```

再看第二个数，a2>max 的值为"真"（非 0 或 1）时执行 max=a2;，否则不执行。同理，
a2<min 的值为"真"（非 0 或 1）时执行 min=a2;，否则不执行，如图 6.5 所示。

图 6.5 两个数据求极值

（3）此程序采用单分支选择结构。

Prog24.2

```
#include "stdio.h"
int main()
{
    int a1,a2,a3,a4,max,min;
    a1=23;
    a2=14;
    a3=78;
    a4=11;
    max=min=a1;
    printf("a1=%d:",a1);
    printf("max=%d,min=%d\n",max,min);
    if(a2>max)
        max=a2;
```

```
    if(a2<min)
        min=a2;
printf("a1=%d,a2=%d:",a1,a2);
printf("max=%d,min=%d\n",max,min);
    if(a3>max)
        max=a3;
    if(a3<min)
        min=a3;
printf("a1=%d,a2=%d,a3=%d:",a1,a2,a3);
printf("max=%d,min=%d\n",max,min);
    if(a4>max)
        max=a4;
    if(a4<min)
        min=a4;
printf("a1=%d,a2=%d,a3=%d,a4=%d:",a1,a2,a3,a4);
printf("max=%d,min=%d\n",max,min);
}
```

注释：

（1）执行 max=min=a1;，先看第一个数，默认第一个数既是最大值又是最小值，输出：a1=23:max=23,min=23。

（2）执行

```
if(a2>max)
    max=a2;
if(a2<min)
    min=a2;
```

再看第二个数，a2>max 的值为"真"（非 0 或 1）时执行 max=a2;，否则不执行。同理，a2<min 的值为"真"（非 0 或 1）时执行 min=a2;，否则不执行。输出：a1=23,a2=14:max=23,min=14，求出两个数据的极值。

用同样的方法再看第三个数，a3>max 的值为"真"（非 0 或 1）时执行 max=a3;，否则不执行。同理，a3<min 的值为"真"（非 0 或 1）时执行 min=a3;，否则不执行。输出：a1=23,a2=14,a3=78:max=78,min=14，求出三个数据的极值。

再看第四个数，a4>max 的值为"真"（非 0 或 1）时执行 max=a4;，否则不执行。同理，a4<min 的值为"真"（非 0 或 1）时执行 min=a4;，否则不执行。输出：a1=23,a2=14,a3=78,a4=11:max=78,min=11，求出四个数据的极值，如图 6.6 所示。

```
a1=23:max=23,min=23
a1=23,a2=14:max=23,min=14
a1=23,a2=14,a3=78:max=78,min=14
a1=23,a2=14,a3=78,a4=11:max=78,min=11
```

图 6.6　四个数据求极值

（3）此程序采用单分支选择结构。

案例 25：简单数据排序

Prog25.1

```
#include "stdio.h"
int main()
{
    int a1,a2,a3,t;
    a1=23;
    a2=14;
    a3=78;
    printf("0 a1=%d,a2=%d,a3=%d\n",a1,a2,a3);
    if(a1<a2)
    {t=a1;a1=a2;a2=t;}
    printf("1 a1=%d,a2=%d,a3=%d\n",a1,a2,a3);
    if(a1<a3)
    {t=a1;a1=a3;a3=t;}
    printf("2 a1=%d,a2=%d,a3=%d\n",a1,a2,a3);
    if(a2<a3)
    {t=a2;a2=a3;a3=t;}
    printf("3 a1=%d,a2=%d,a3=%d\n",a1,a2,a3);
}
```

注释：

（1）执行 if(a1<a2) {t=a1;a1=a2;a2=t;}时，如果 a1<a2 的值为"真"（非 0 或 1），执行 {t=a1;a1=a2;a2=t;}，否则不执行，输出：1 a1=23,a2=14,a3=78，执行之后确定 a1>=a2。执行 if(a1<a3) {t=a1;a1=a3;a3=t;}时，如果 a1<a3 的值为"真"（非 0 或 1），执行 {t=a1;a1=a3;a3=t;}，否则不执行，输出：2 a1=78,a2=14,a3=23，执行之后确定 a1>=a3。因 a1>=a2，则 a1 是 a1、a2、a3 三个数中的最大值，如图 6.7 所示。

（2）执行 if(a2<a3) {t=a2;a2=a3;a3=t;}时，如果 a2<a3 的值为"真"（非 0 或 1），执行 {t=a2;a2=a3;a3=t;}，否则不执行，输出：3 a1=78,a2=23,a3=14，执行之后确定 a2>=a3。至此实现了 a1、a2、a3 三个数据降序排序，如图 6.7 所示。

图 6.7　三个数据降序排序（单分支）

（3）此程序采用单分支选择结构。

Prog25.2

```c
#include "stdio.h"
int main()
{
    int a1,a2,a3,t;
    a1=23;
    a2=14;
    a3=78;
    printf("0 a1=%d,a2=%d,a3=%d\n",a1,a2,a3);
    if(a1<a2)
        if(a2<a3)
        {t=a1;a1=a3;a3=t;printf("1 a1=%d,a2=%d,a3=%d\n",a1,a2,a3);}
        else
        {t=a1;a1=a2;a2=t;printf("2 a1=%d,a2=%d,a3=%d\n",a1,a2,a3);}
    else
        if(a1<a3)
        {t=a1;a1=a3;a3=t;printf("3 a1=%d,a2=%d,a3=%d\n",a1,a2,a3);}
    if(a2<a3)
        {t=a2;a2=a3;a3=t;printf("4 a1=%d,a2=%d,a3=%d\n",a1,a2,a3);}
}
```

注释:

（1）因为 a1=23; a2=14;，a1<a2 值为"假"（0），所以不执行

```c
if(a2<a3)
{t=a1;a1=a3;a3=t;printf("1 a1=%d,a2=%d,a3=%d\n",a1,a2,a3);}
else
{t=a1;a1=a2;a2=t;printf("2 a1=%d,a2=%d,a3=%d\n",a1,a2,a3);}
```

执行

```c
（else）:
    if(a1<a3)
    {t=a1;a1=a3;a3=t;printf("3 a1=%d,a2=%d,a3=%d\n",a1,a2,a3);}
```

输出：3 a1=78,a2=14,a3=23，执行之后 a1 是 a1、a2、a3 三个数中的最大值，如图 6.8 所示。

（2）执行 if(a2<a3) {t=a2;a2=a3;a3=t;}，因为 a2<a3 的值为"真"（非 0 或 1），所以执行 {t=a2;a2=a3;a3=t;}，输出：4 a1=78,a2=23,a3=14。至此实现了 a1、a2、a3 三个数据降序排序，如图 6.8 所示。

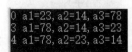

图 6.8　三个数据降序排序（双分支）

（3）此程序采用双分支选择结构，实现三个数据的排序，通过一个选择结构寻找未排序的极值进行位置交换。

案例 26：分段函数求解

y=x+100(x<−50); y=x*100(x>=−50&&x<0); y=x/100(x>=0&&x<50); y=x−100(x>=50)

Prog26.1

```c
#include "stdio.h"
int main()
{
    double x,y;
    printf("enter x:");
    scanf("%lf",&x);
    if(x<-50)
    {
        y=x+100;
        printf("1 x=%f,y=%f\n",x,y);
    }
    if(x>=-50&&x<0)
    {
        y=x*100;
        printf("2 x=%f,y=%f\n",x,y);
    }
    if(x>=0&&x<50)
    {
        y=x/100;
        printf("3 x=%f,y=%f\n",x,y);
    }
    if(x>=50)
    {
        y=x-100;
        printf("4 x=%f,y=%f\n",x,y);
    }
}
```

注释：

（1）执行 printf("enter x:");scanf("%lf",&x);，输入：enter x:−120，输出：1 x=−120.000000,y=−20.000000，x<−50 的值为"真"，因此执行 y=x+100;printf("1 x=%f, y=%f\n",x,y);。输入：enter x:-20 时，输出：2 x=-20.000000,y=-2000.000000，x>=-50&&x<0 的值为"真"，因此执行 y=x*100;printf("2 x=%f,y=%f\n",x,y);。输入：enter x:20 时，输出：3 x=20.000000,y=0.200000，x>=0&&x<50 的值为"真"，因此执行 y=x/100;printf("3 x=%f,y=%f\n",x,y);。输入：enter x:120，输出：4 x=120.000000, y=20.000000，x>=50 的值为"真"，因此执行 y=x-100;printf("4 x=%f,y=%f\n",x,y);，如图 6.9 所示。

（2）此分段函数程序使用四个单分支选择结构实现，x 的值同时只满足四条单分支语句中的一条，因此每次只有一个输出，如图 6.9 所示。

图 6.9　分段函数执行

（3）此程序采用单分支选择结构。

Prog26.2

```c
#include "stdio.h"
int main()
{
    double x,y;
    printf("enter x:");
    scanf("%lf",&x);
    if(x<0)
        if(x<-50)
        {
            y=x+100;
            printf("1 x=%f,y=%f\n",x,y);
        }
        else
        {
            y=x*100;
            printf("2 x=%f,y=%f\n",x,y);
        }
    else
        if(x<50)
        {
            y=x/100;
            printf("3 x=%f,y=%f\n",x,y);
```

```
    }
    else
    {
        y=x−100;
        printf("4 x=%f,y=%f\n",x,y);
    }
}
```

注释：

（1）执行 printf("enter x:");scanf("%lf",&x);，输入：enter x:−120，执行：y=x+100;
printf("1 x=%f,y=%f\n",x,y);，因为 x<0 的值为"真"且 x<−50 的值为"真"，所以输出：1
x=−120.000000,y=−20.000000。输入：enter x:−20 时，因为 x<0 的值为"真" x<−50 的值
为"假"，所以执行 else { y=x*100;printf("2 x=%f,y=%f\n",x,y); }，else 条件为 x<0&&
x>=−50，输出：2 x=−20.000000,y=−2000.000000。输入：enter x:20 时，因为 x<0 的值为
"假"，所以执行匹配 if(x<0)的 else，此 else 的条件为 x>=0，因此执行 y=x/100; printf("3
x=%f,y=%f\n",x,y);，输出：3 x=20.000000,y=0.200000。输入：enter x: 120 时，因为 x<0 的
值为"假"，所以执行匹配 if(x<0)的 else，此 else 的条件为 x>=0，又因 x<50 的值为"假"，
故执行匹配 if(x<50)的 else，此 else 的条件为 x>=50，因此执行 y=x−100;printf("4
x=%f,y=%f\n",x,y);，输出：4 x=120.000000,y=20.000000，如图 6.9 所示。

（2）此分段函数程序使用一个 p(x<0)−>p1(x<−50): p2(x<50)分支选择结构实现。

（3）此分段函数程序的实现方法还有 Prog26.3、Prog26.4 等。

Prog26.3

```
#include "stdio.h"
int main()
{
    double x,y;
    printf("enter x:");
    scanf("%lf",&x);
    if(x<50)
        if(x<−50)
        {
            y=x+100;
            printf("1 x=%f,y=%f\n",x,y);
        }
        else
            if(x<0)
            {
                y=x*100;
                printf("2 x=%f,y=%f\n",x,y);
            }
```

```
            else
              {
                  y=x/100;
                  printf("3 x=%f,y=%f\n",x,y);
              }
          else
            {

                y=x-100;
                printf("4 x=%f,y=%f\n",x,y);
            }
      }
```

Prog26.4

```
#include "stdio.h"
int main()
{
    double x,y;
    printf("enter x:");
    scanf("%lf",&x);
    if(x<-50)
    {
        y=x+100;
        printf("1 x=%f,y=%f\n",x,y);
    }
    else
        if(x<0)
        {
            y=x*100;
            printf("2 x=%f,y=%f\n",x,y);
        }
        else
            if(x<50)
            {
                y=x/100;
                printf("3 x=%f,y=%f\n",x,y);
            }
            else
            {
                y=x-100;
                printf("4 x=%f,y=%f\n",x,y);
            }
}
```

探索

编程求一元二次方程 $ax^2 + bx + c = 0$ 的根。其中，二次项系数 a 不为 0。

案例 27：开关语句程序设计与执行

Prog27.1

```c
#include "stdio.h"
int main()
{
    int a;
    printf("enter a(1,2,3,4):");
    scanf("%d",&a);
    switch(a)
    {
        case 1:printf("A");break;
        case 2:printf("B");break;
        case 3:printf("C");break;
        case 4:printf("D");break;
        default:printf("NO");
    }
    printf("\n");
}
```

注释：

（1）执行 printf("enter a(1,2,3,4):");scanf("%d",&a);，输入：enter a(1,2,3,4):1，则变量 a 的值为 1。执行 switch(a)时匹配 case 1:printf("A");break;，因此输出：A，其他均不输出。同理，输入：enter a(1,2,3,4):2，则变量 a 的值为 2，执行 switch(a)时匹配 case 2:printf("B"); break;，输出：B。输入：enter a(1,2,3,4):3，则变量 a 的值为 3，执行 switch(a)时匹配 case 3:printf("C");break;，输出：C。输入：enter a(1,2,3,4):4，则变量 a 的值为 4，执行 switch(a) 时匹配 case 4:printf("D");break;，输出：D。如果输入的不是 1,2,3,4，例如，输入：enter a(1,2,3,4):6，执行 switch(a)时匹配 default:printf("NO");，输出：NO，如图 6.10 所示。

图 6.10 开关语句的执行

（2）开关语句格式：

```
switch(测试表达式)
{
    case  端口 1:语句 1;break;
    case  端口 2:语句 2;break;
    ...
    case 端口 n: 语句 n;break;
    default: 语句 n+1;
}
```

如果"测试表达式"的值=端口 i，则执行端口 i 后面的语句 i；否则，执行 default: 语句 $n+1$；。

（3）开关语句结构可用于规律性强的分支结构问题、菜单设计等。

案例 28：学生成绩分析与设计

Prog28.1

```c
#include "stdio.h"
int main()
{
    double sc;
    printf("enter sc:");
    scanf("%lf",&sc);
    printf("%.2f->",sc);
    switch((int)sc/10)
    {
        case 10:
        case 9:printf("A");break;
        case 8:printf("B");break;
        case 7:printf("C");break;
        case 6:printf("D");break;
        default:printf("E");
    }
    printf("\n");
}
```

注释：

（1）变量 sc 是 double 型数据，用于存储学生成绩（sc>=0&&sc<=100）。成绩分析：sc>=0&&sc<60 设置为 E，sc>=60&&sc<70 设置为 D，sc>=70&&sc<80 设置为 C，sc>=80&&sc<90 设置为 B，sc>=90 设置为 A。表达式(int)sc/10 将 sc>=90 计算结果压缩成

10 和 9 两个数，将 sc>=80&&sc<90 计算结果压缩成一个数 8，将 sc>=70&&sc<80 计算结果压缩成一个数 7，将 sc>=60&&sc<70 计算结果压缩成一个数 6，将 sc>=0&&sc<60 计算结果压缩成 5、4、3、2、1、0。

（2）case 10 和 case 9 代表 sc>=90，case 8 代表 sc>=80&&sc<90，case 7 代表 sc>=70&&sc<80，case 6 代表 sc>=60&&sc<70，default 代表 sc>=0&&sc<60。当输入：enter sc:82.5 时，sc:82.5>=80&&sc:82.5<90，可由 case 8 代表，因此输出：82.50->B，如图 6.11 所示。

图 6.11　开关语句设计学生成绩分析系统

（3）此问题的规律是将最小数据分为 10 分一段。

案例 29：简易菜单设计

Prog29.1

```c
#include "stdio.h"
int main()
{
    char ch;
    printf("save(s)\t\tedit(e)\t\tcompile(c)\tline(l)\t\trun(r)\n");
    printf("enter ch:");
    ch=getchar();
    switch(ch)
    {
        case 's':printf("ctrl+s->save");break;
        case 'e':printf("ctrl+e->edit");break;
        case 'c':printf("ctrl+c->compile");break;
        case 'l':printf("ctrl+l->line");break;
        case 'r':printf("ctrl+r->run");break;
        default:printf("help");
    }
    printf("\n");
}
```

注释：

执行 printf("enter ch:");ch=getchar();，ch 是测试表达式，输入：enter ch:c，则变量 ch 的值为字符 c，执行 switch(ch)时匹配 case 'c':printf("ctrl+c->compile");break;，因此输出：

ctrl+c->compile，如图 6.12 所示。

图 6.12　简易菜单设计

 探索

　　输入一个学生已经完成的课程分数，试根据学生手册学分绩点计算办法求出该学生的平均学分绩点。

第7章 循环结构程序设计与执行

案例 30：循环结构程序设计与执行

Prog30.1

```
#include "stdio.h"
int main()
{
    int p;
    printf("enter p:");
    scanf("%d",&p);
    while(p)
    {
        printf("p(%d):A\n",p);
        printf("enter p:");
        scanf("%d",&p);
    }
    printf("p(%d):end\n",p);
}
```

注释：

（1）输入：enter p:1，while(p) 中 p 的值为 1，执行 {printf("p(%d):A\n",p); printf("enter p:"); scanf("%d",&p);}，输出：p(1):A。输入：enter p:0，while(p)中 p 的值为 0，不执行 {printf("p(%d):A\n",p); printf("enter p:"); scanf("%d",&p);}，而执行 printf("p(%d):end\n",p);，输出：p(0):end，如图 7.1 所示。

图 7.1　循环结构程序设计与执行（1）

（2）while 循环结构的格式：while(p)语句 A。while(p)中 p 的值为逻辑值，当 p 的值为"真"（非 0 或 1）时，执行语句 A；当 p 的值为"假"（0）时，退出循环结构。

（3）循环结构就是利用条件 p 实现语句的反复执行。

Prog30.2

```c
#include "stdio.h"
int main()
{
    int i;
    i=1;
    while(i<=3)
    {
        printf("%d:A\t",i);
        i++;
    }
    printf("%d:end\n",i);
    printf("<=>\n");
    for(i=1;i<=3;i++)
        printf("%d:A\t",i);
    printf("%d:end\n",i);
}
```

注释：

（1）执行 i=1;while(i<=3) { printf("%d:A\t",i);i++;}printf("%d:end\n",i);，输出：1:A 2:A   3:A   4:end。执行 for(i=1;i<=3;i++) printf("%d:A\t",i); printf("%d:end\n",i);，输出：1:A   2:A   3:A   4:end，如图 7.2 所示。for 循环结构完成的功能与 while 循环结构相同，说明有时 while 循环结构可以用 for 循环结构代替，但这种代替会不方便甚至不能相互代替。

图 7.2   循环结构程序设计与执行（2）

（2）for 循环结构的格式：for(表达式 1; 表达式 2; 表达式 3) 语句 A。执行流程：执行表达式 1，执行表达式 2，表达式 2 的值为逻辑值，当表达式 2 的值为"真"（非 0 或 1）时，执行语句 A，接着执行表达式 3，然后继续执行表达式 2，当表达式 2 的值为"假"（0）时，退出循环结构。表达式 1 仅执行一次，循环体现在执行表达式 2、执行语句 A、执行表达式 3。

（3）循环结构中，语句 i=1; 是在循环结构执行前执行的语句，i<=3; 控制循环执行的条件，i++; 是控制循环进展并达成目标的语句。这三部分均与变量 i 相关，变量 i 称为"循环变量"，这三部分称为循环"三要素"。注意，不是每个循环都要定义循环变量，设计循环"三要素"。

Prog30.3

```c
#include "stdio.h"
int main()
{
    int p,i;
    printf("(while)enter p:");
    scanf("%d",&p);
    i=0;
    while(p)
    {
        printf("(while)p(%d):i(%d)\n",p,i);
        printf("enter p:");
        scanf("%d",&p);
        i++;
    }
    printf("p(%d):i(%d)\n",p,i);
    printf("(do…while)enter p:");
    scanf("%d",&p);
    i=0;
    do
    {
        printf("(do…while)p(%d):i(%d)\n",p,i);
        printf("enter p:");
        scanf("%d",&p);
        i++;
    }while(p);
    printf("p(%d):i(%d)\n",p,i);
}
```

注释：

（1）while(p) 语句 A：当 p 的值为"真"（非 0 或 1）时，执行语句 A；当 p 的值为"假"（0）时，退出循环结构。do 语句 A　while(p)：先执行语句 A，当 p 的值为"真"（非 0 或 1）时，再次执行语句 A；当 p 的值为"假"（0）时，退出循环结构。

（2）输入：(while)enter p:0，输出：p(0):i(0)，说明 while 循环结构一次也没有执行。对于 do…while 来说，输入：(do…while)enter p:0，输出：(do…while)p(0):i(0)，但要再次输入：enter p:0，输出：p(0):i(1)，说明 do…while(p); 执行初始时 p 的值为"假"（0），循环体语句至少要执行一次，如图 7.3 所示。

（3）循环结构极大提升了程序设计的描述能力，结合顺序结构、分支结构几乎能描述所有复杂问题。

图 7.3　while 与 do…while

案例 31：顺序结构与循环结构

Prog31.1

```c
#include "stdio.h"
#define N 5
int main()
{
    int i;
    i=1;
    printf("%d:A\t",i);
    i++;
    printf("%d:A\t",i);
    i++;
    printf("%d:A\t",i);
    i++;
    printf("%d:A\t",i);
    i++;
    printf("%d:A\t",i);
    i++;
    printf("%d\n",i);
    printf("<=>\n");
    i=1;
    while(i<=N)
    {
        printf("%d:A\t",i);
        i++;
    }
    printf("%d\n",i);
}
```

注释：

（1）该程序用两种方法输出 5 个 A，一是通过执行 5 次 printf("%d:A\t",i); i++;，采用顺序结构实现输出 5 个 A；二是通过 while(i<=N){ printf("%d:A\t",i); i++; }循环结构实现输出
5 个 A，如图 7.4 所示。

图 7.4　顺序结构与循环结构

（2）顺序结构描述算法直观、简捷，但设计动态性差。循环结构描述算法灵活，解决
问题适应性强。

案例 32：多重（嵌套）循环结构程序设计与执行

Prog32.1

```c
#include "stdio.h"
int main()
{
    int p1,p2;
    printf("enter p1:");
    scanf("%d",&p1);
    while(p1)
    {
        printf("p1(%d)=>",p1);
        printf("enter p2:");
        scanf("%d",&p2);
        while(p2)
        {
            printf("p2(%d):",p2);
            printf("enter p2:");
            scanf("%d",&p2);
        }
        printf("p2(%d)=>end\n",p2);
        printf("enter p1:");
        scanf("%d",&p1);
    }
    printf("p1(%d):end\n",p1);
}
```

注释：

（1）while(p1) 是"外循环"，循环变量为 p1；while(p2)是"内循环"，循环变量为 p2。

当 p1 的值为"真"（非 0 或 1）时，执行"外循环"循环体一次，"内循环"要执行一次完整循环，如果 p2 的值为"真"（非 0 或 1），"内循环"要一直执行。

（2）输入：enter p1:1，p1 的值为"真"（非 0 或 1），开始执行"外循环"循环体 printf("p1(%d)=>",p1);，输出：p1(1)=>，执行 printf("enter p2:");scanf("%d",&p2);。输入：enter p2:1，p2 的值为"真"（非 0 或 1），开始执行"内循环"while(p2){printf("p2(%d):",p2); printf("enter p2:");scanf("%d",&p2);}，输出：p2(1):，输入：enter p2:1，输出：p2(1):，输入：enter p2:1。直至输入：enter p2:0，此时 p2 的值为"假"，输出：p2(0)=>end，"内循环"结束。执行 printf("enter p1:");scanf("%d",&p1);，输入：enter p1:1，此时"外循环"循环体一次执行结束。但"外循环"循环变量 p1 的值为"真"（非 0 或 1），故再一次执行"外循环"循环体一次，执行"内循环"while(p2){printf("p2(%d):",p2);printf("enter p2:"); scanf("%d",&p2);}，输出：p2(1):，输入：enter p2:1，输出：p2(1):，输入：enter p2:1。直至输入：enter p2:0，此时 p2 的值为"假"，输出：p2(0)=>end，"内循环"结束，执行 printf("enter p1:");scanf("%d",&p1);，输入：enter p1:0，此时"外循环"循环体再一次执行结束，因"外循环"循环变量 p1 的值为"假"，故多重（嵌套）循环结构程序执行结束，如图 7.5 所示。

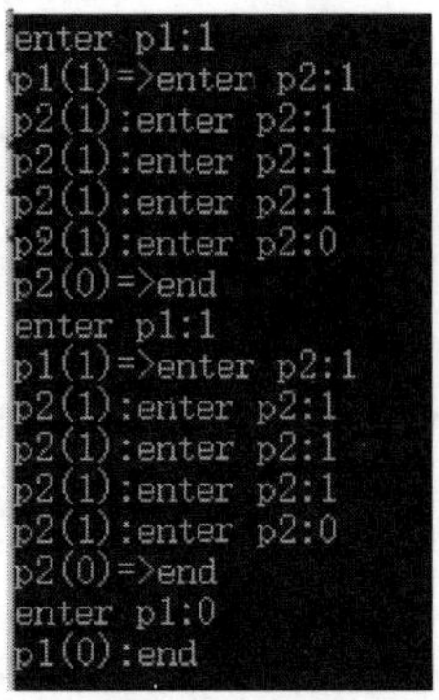

图 7.5　多重（嵌套）循环结构程序执行

（3）多重（嵌套）循环结构程序"外循环"要执行循环体一次，"内循环"要执行一次循环。

案例 33：求和问题

Prog33.1

```
#include "stdio.h"
int main()
{
```

```
int i,s,n;
i=1;
s=0;
while(i<=5)
{
        printf("%d+",i);
        s=s+i;
        i++;
}
printf("\b=%d\n",s);
printf("s=%d,i=%d\n",s,i);
printf("enter n:");
scanf("%d",&n);
i=1;
s=0;
while(i<=n)
{
        printf("%d+",i);
        s=s+i;
        i++;
}
printf("\b=%d\n",s);
printf("s=%d,i=%d\n",s,i);
}
```

注释：

（1）求 $\sum\limits_{1}^{5}i$，变量 i 为循环变量，初值为 1；变量 s 为累和变量，初值为 0。循环三要素：i=1，i<=5，i++，实现在执行循环过程中变量 i 从 1 变化到 5，每循环一次，变量 i 的值增加 1，语句 s=s+i; 就实现了 1、2、3、4、5 累加到变量 s 中。求 $\sum\limits_{1}^{n}i$，变量 i 为循环变量，初值为 1；变量 s 为累和变量，初值为 0。循环三要素：i=1，i<=n，i++，实现在执行循环过程中变量 i 从 1 变化到任意给定 n，每循环一次，变量 i 的值增加 1，语句 s=s+i; 就实现了 $1, 2, \cdots, n$ 累加到变量 s 中。

（2）求 $\sum\limits_{1}^{5}i$，循环执行 5 次，输出：1+2+3+4+5=15　s=15,i=6，执行结束后循环变量 i 的值为 6，因 i(6)<=5 的值为 0，结束循环。求 $\sum\limits_{1}^{n}i$，输入：enter n:10，变量 n 的值为 10，循环执行 10 次，执行结束后循环变量 i 的值为 11，输出：1+2+3+4+5+6+7+8+9+10=55 s=55,i=11，如图 7.6 所示。

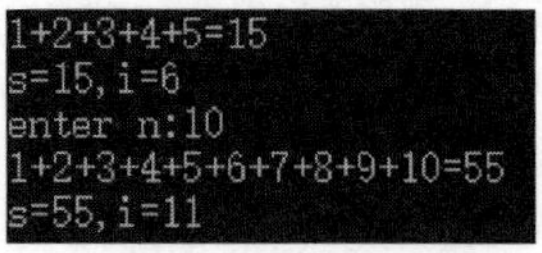

```
1+2+3+4+5=15
s=15, i=6
enter n:10
1+2+3+4+5+6+7+8+9+10=55
s=55, i=11
```

图 7.6 5（n）的求和程序设计与执行

（3）设计循环结构时要根据任务准确定义循环变量，设计循环三要素。

Prog33.2

```c
#include "stdio.h"
int main()
{
    int i,j,s,t;
    printf("1:");
    i=1;
    s=0;
    while(i<=1)
    {
        printf("%d+",i);
        s=s+i;
        i++;
    }
    i=1;
    printf("(");
    while(i<=2)
    {
        printf("%d+",i);
        s=s+i;
        i++;
    }
    printf("\b)+");
    i=1;
    printf("(");
    while(i<=3)
    {
        printf("%d+",i);
        s=s+i;
        i++;
    }
    printf("\b)+");
    printf("\b=%d\n",s);
```

```
        printf("<=>\n");
        printf("2:");
        i=1;
        s=0;
        while(i<=3)
        {
                j=1;
                if(i>1) printf("(");
                while(j<=i)
                {
                        printf("%d+",j);
                        s=s+j;
                        j++;
                }
                if(i>1) printf("\b)+");
                i++;
        }
        printf("\b=%d\n",s);
        printf("<=>\n");
        printf("3:");
        i=1;
        s=0;
        t=0;
        while(i<=3)
        {
                t=t+i;
                printf("%d+",t);
                s=s+t;
                i++;
        }
        printf("\b=%d\n",s);
}
```

注释：

（1）求 1+(1+2)+(1+2+3)。

方法 1：用三个简单的循环结构，①i=1;s=0;while(i<=1) {…}，②i=1;while(i<=2) {…}，③i=1;while(i<=3) {…}。

方法 2：用多重循环结构，i=1;s=0;while(i<=3){j=1;…while(j<=i){…}…}，外循环的循环变量是 i，实现从 1 变化到 3；内循环的循环变量是 j，实现从 1 变化到 i。

方法 3：定义变量 t 辅助求 1、1+2、1+2+3，变量 i 的每次循环变量 s 累和为 t。

（2）方法 1：i=1;s=0;while(i<=1) {…}，循环只执行一次；i=1;while(i<=2) {…}，循环执行两次；i=1;while(i<=3) {…}，循环执行三次，输出：1:1+(1+2)+(1+2+3)=10。

方法 2：i=1;s=0;while(i<=3){j=1;…while(j<=i){…}…}，当 i=1 时内循环执行一次，当 i=2 时内循环执行两次，当 i=3 时内循环执行三次，输出：2:1+(1+2)+(1+2+3)=10。

方法 3：当 i=1 时变量 t 的值是 1，变量 s 累和后的值是 1；当 i=2 时变量 t 的值是 3（1+2），变量 s 累和后的值是 1+3（4）；当 i=3 时变量 t 的值是 6（1+2+3），变量 s 累和后的值是 1+3+6（10），如图 7.7 所示。

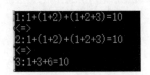

图 7.7 $\sum\limits_{i=1}^{3}\sum\limits_{j=1}^{i} j$ 的程序设计与执行

（3）在解决同一个任务时，不同程序设计人员会想出不一样的设计方法，每种设计方法运行时的效率是不一样的。计算思维就是驱动程序设计人员通过各种技术和手段设计出高效解决问题的方法。

Prog33.3

```c
#include "stdio.h"
int main()
{
    int i,j,s,t;
    printf("1:");
    i=1;
    s=0;
    while(i<=3)
    {
        printf("%d!+",i);
        j=1;
        t=1;
        while(j<=i)
        {
            t=t*j;
            j++;
        }
        s=s+t;
        i++;
    }
    printf("\b=%d\n",s);
    printf("<=>\n");
    printf("2:");
```

```
        i=1;
        s=0;
        t=1;
        while(i<=3)
        {
                printf("%d!+",i);
                t=t*i;
                s=s+t;
                i++;
        }
        printf("\b=%d\n",s);
}
```

注释：

（1）求 1!+2!+3!。

方法 1：用多重循环结构，i=1;s=0;while(i<=3){j=1;…while(j<=i) {…}…}，外循环的循环变量是 i，实现从 1 变化到 3；内循环的循环变量是 j，实现从 1 变化到 i。

方法 2：定义变量 t 辅助求 1!、2!、3!，变量 i 的每次循环变量 s 累和为 t，t 是用以累积的。

（2）方法 1：i=1;s=0;while(i<=3){j=1;…while(j<=i){…}…}，当 i=1 时内循环执行一次，内循环结束时变量 t 存储 1!；当 i=2 时内循环执行两次，内循环结束时变量 t 存储 2!；当 i=3 时内循环执行三次，内循环结束时变量 t 存储 3!，输出：1:1!+2!+3!=9。

方法 2：当 i=1 时变量 t 的值是 1!，变量 s 累和后的值是 1；当 i=2 时变量 t 的值是 2!（1!*2），变量 s 累和后的值是 3（1!+2!）；当 i=3 时变量 t 的值是 6（2!*3），变量 s 累和后的值是 9(1!+2!+3!)，输出：2:1!+2!+3!=9，如图 7.8 所示。

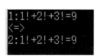

图 7.8　$\sum\limits_{i=1}^{3} i!$ 的程序设计与执行

（3）熟练使用结构化程序设计技术，让程序设计艺术形式灵活多变，方法不拘一格。

Prog33.4

```
#include "stdio.h"
int main()
{
    int i,j,s,a;
    a=2;
```

```
        i=1;
        s=0;
        while(i<=5)
        {
                printf("%d+",a);
                s=s+a;
                a=a*10+2;
                i++;
        }
        printf("\b=%d",s);
}
```

注释：

求 2+22+222+2222+22222，当 i=1 时变量 a 的值是 2，执行 a=a*10+2; 后变量 a 的值是 22；……；当 i=5 时变量 a 的值是 22222，循环每执行一次则 s=s+a;，实现 s=2+22+222+ 2222+22222，输出：2+22+222+2222+22222=24690。

Prog33.5

```
#include "stdio.h"
int main()
{
    double s,t;
    int i,a;
    i=1;
    s=0;
    t=1;
    a=1;
    while(i<=5)
    {
            if((i-1)%2)
            {
                s=s-t;
                printf("1/%d+",a);
                t=1.0/a;
            }
            else
            {
                s=s+t;
                printf("1/%d-",a);
                t=1.0/a;
            }
            a=a*2;
```

```
            i++;
        }
    printf("\b=%f",s);
}
```

注释：

（1）求 $1-\dfrac{1}{2}+\dfrac{1}{4}-\dfrac{1}{8}+\dfrac{1}{16}$，对应项定义：1/1（i=1）、1/2（i=2）、1/4（i=3）、1/8（i=4）、1/16（i=5），分母可表示为 2^(i-1)。各项对应 "+" 和 "-" 的特点：当 i 为奇数时，对应项为 "+"；当 i 为偶数时，对应项为 "-"。各项的值用变量 t 记录，变量 t 可用表达式 1.0/a 求得。

（2）执行过程。当 i=1 时变量 a 的值是 1，(i-1)%2 的值为 0，执行（else）s=s+t;。当 i=2 时变量 a 的值是 2，(i-1)%2 的值为 1，执行 s=s-t;……；当 i=5 时变量 a 的值是 16，(i-1)%2 的值为 0，执行（else）s=s+t;。输出：1/1-1/2+1/4-1/8+1/16=0.375000。

案例 34：循环结构解决典型问题

Prog34.1

```
#include "stdio.h"
int main()
{
    int a,t,r;
    printf("enter a:");
    scanf("%d",&a);
    printf("1 %d->",a);
    t=0;
    while(a>0)
    {
        r=a%10;
        t=t*10+r;
        a=a/10;
    }
    printf("%d\n",t);
    printf("enter a:");
    scanf("%d",&a);
    printf("2 %d->",a);
    while(a>0)
    {
        r=a%10;
        printf("%d",r);
        a=a/10;
```

```
    }
    printf("\n");
}
```

注释:

（1）输入一个整数，颠倒后输出，例如，输入 123，输出 321。

方法 1：定义三个变量 a,t,r，变量 a 存储原始数据（123），变量 t 存储颠倒数据（321），变量 r 存储实现颠倒过程中的辅助数据。

方法 2：定义两个变量 a,r，变量 a 存储原始数据（123），变量 r 取当前变量 a 的个位数并直接输出。

方法 1 与方法 2 的不同之处是方法 1 不能输出原始数据低位出现的连续 0，例如，输入：12300，方法 1 输出：321，方法 2 输出：00321，如图 7.9 所示。

图 7.9　整数颠倒运算与执行

（2）输入：enter a:123。

方法 1 执行过程：初始值为 a:123, t=0，循环变量为 a，a>0 的值为 1，执行循环体 r=a%10; t=t*10+r;a=a/10;，得 a:12, t=3; a>0 的值为 1，执行循环体再得 a:1, t=32; a>0 的值为 1，执行循环体又得 a:0, t=321; a>0 的值为 0，循环执行结束，输出：1 123->321。

方法 2 执行过程：初始值为 a:123，a>0 的值为 1，执行循环体 r=a%10;printf("%d",r); a=a/10;，得 a:12，r=3 通过 printf("%d",r);即时输出；a>0 的值为 1，执行循环体 r=a%10; printf("%d",r);a=a/10;，得 a:1，r=2 通过 printf("%d",r); 即时输出；执行循环体 r=a%10; printf("%d",r);a=a/10;，得 a:0，r=1 通过 printf("%d",r);即时输出；a>0 的值为 0，循环执行结束，输出：2 123->321。

（3）方法 1 通过变量 t 将颠倒后的结果记录下来，因整数的高位不能以 0 开始，12300 不能在变量 t 中存储成 00321。方法 2 能记录颠倒后的结果。

Prog34.2

```
#include "stdio.h"
#include "math.h"
int main()
{
    int n,a,f;
    printf("enter n(n>1):");
    scanf("%d",&n);
    printf("1 %d",n);
    a=2;
    f=1;
```

```
    while(f&&a<=n-1)
    {
            if(!(n%a))
                f=0;
            else
                a++;
    }
    if(f)
        printf(":yes\n");
    else
        printf(":no\n");
    printf("2 %d",n);
    a=2;
    f=1;
    while(f&&a<=n/2)
    {
            if(!(n%a))
                f=0;
            else
                a++;
    }
    if(f)
        printf(":yes\n");
    else
        printf(":no\n");
    printf("3 %d",n);
    a=2;
    f=1;
    while(f&&a<=sqrt(n))
    {
            if(!(n%a))
                f=0;
            else
                a++;
    }
    if(f)
        printf(":yes\n");
    else
        printf(":no\n");
}
```

注释:

（1）寻找"素数"（除了 1 和这个数本身，不再有其他因子），例如，37 是素数，36 不是素数。

方法 1：从 2 到 36 都没有 37 的因子，可断定 37 是素数。从 2 到 35 有 36 的因子：2，18；3，12；4，9；6。因子均是成对出现（因子的"对偶性"）的，出现因子 2 时就可断定 36 不是素数，不需要把 36 所有因子均找出。

方法 2：从 2 到 37/2 都没有 37 的因子，可断定 37 是素数。同理，36 也只要在 2 和 36/2 之间找它的因子。

方法 3：根据因子的"对偶性"，一个整数 n，如果存在因子 a（$2 \le a \le \sqrt{n}$），必然存在另一个因子 b（$\sqrt{n} \le b \le n/2$），也就是说，如果存在 a 就断定 n 不是素数，如果不存在 a 就断定 n 是素数。例如，从 2 到 $\sqrt{37}$（6）都没有 37 的因子，可断定 37 是素数；从 2 到 $\sqrt{36}$（6）有 36 的因子，可断定 36 不是素数。

（2）输入：enter n(n>1):37。

方法 1 执行过程：循环变量为 a 和变量 f，循环控制条件为 f&&a<=n-1，变量 f 的值为 1 认为 n 可能是素数，循环执行过程中，如果 if(!(n%a))f=0;else a++;中!(n%a)的值为 1，执行 f=0 使变量 f 的值为 0，就可断定 n 不是素数。从 2 到 36 循环执行过程中!(n%a)的值始终为 0，没有执行 f=0;，因此，循环结束时变量 f 的值为 1（a<=n-1 的值为 0），此时可以断定 37 是素数，输出：1 37:yes。

方法 2 执行过程：循环控制条件为 f&&a<=n/2，从 2 到 37/2 循环执行过程中!(n%a)的值始终为 0，没有执行 f=0;，因此循环结束时变量 f 的值为 1（a<=37/2 的值为 0），此时可以断定 37 是素数，输出：2 37:yes。

方法 3 执行过程：循环控制条件为 f&&a<=sqrt(n)，从 2 到 sqrt(37)循环执行过程中!(n%a)的值始终为 0，没有执行 f=0;，因此循环结束时变量 f 的值为 1（a<=sqrt(37)的值为 0），此时可以断定 37 是素数，输出：3 37:yes。

输入：enter n(n>1):36 时，方法 1、方法 2 和方法 3 执行过程：从 2 到 35、从 2 到 36/2（18）、从 2 到 sqrt(36)（6），当循环执行到循环变量 a=2 时!(n%a)的值为 1，执行 f=0;，此时已经可以断定 36 不是素数，循环再次判断条件时因 f=0，故条件 f&&a<=n-1、f&&a<=n/2、f&&a<=sqrt(n)的值均为 0，但 a<=n-1、a<=n/2、a<=sqrt(n)的值均为 1，输出：1 36:no　2 36:no　3 36:no，如图 7.10 所示。

图 7.10　"素数"的识别与执行

（3）三种方法完成了同样的任务，得到了相同的结果，但方法 3 让执行效率优化到 $\sqrt{n}$ 阶。

Prog34.3

```
#include "stdio.h"
```

```
int main()
{
    int a,s1,s2;
    a=100;
    while(a<=999)
    {
        s1=a;
        s2=0;
        while(s1>0)
        {
            s2=s2+(s1%10)*(s1%10)*(s1%10);
            s1=s1/10;
        }
        if(a==s2)
            printf("%d\t",a);
        a++;
    }
}
```

注释：

（1）寻找"水仙花数"。"水仙花数"是三位整数 d1d2d3，其中，d1 是百位数字，d2 是十位数字，d3 是个位数字，满足"水仙花数"的条件是 d1d2d3=d1^3+d2^3+d3^3。例如，153 是"水仙花数"，因为 153=1*1*1+5*5*5+3*3*3。

（2）设计三个变量 a、s1、s2，变量 a 是外循环（第一层）变量，从 100 变化到 999（所有的三位整数），当变量 a 的值为 1000 时，结束外循环（第一层）。变量 s1 是中间变量，也是内循环的循环变量，变量 s1 的初值是外循环的循环变量 a 的值（假设 a 的值为 153），内循环将执行三次。第一次通过 s1（153）%10 取出变量 a 的个位数字（3），执行 s1=s1/10; 后，变量 s1（15）的值将降低一个位权，即变量 s1 原数据十位变成个位，百位变成十位，抛弃原数据的个位。第二次通过 s1（15）%10 取出变量 a 的十位数字（5），执行 s1=s1/10; 后，变量 s1（1）的值再降低一个位权，变量 s1 前一次循环结束时的数据十位变成个位，抛弃原数据的个位。第三次通过 s1（1）%10 取出变量 a 的百位数字（1），执行 s1=s1/10; 后，变量 s1 的值为 0，内循环条件 s1>0 的值为 0，内循环结束。执行 if(a==s2) printf("%d\t",a);，当 a==s2 的值为 1 时，变量 a 是"水仙花数"。外循环执行从 100 变化到 999，所有这些数据均通过"筛选"，满足条件的输出：153　　370　　371　　407，其他均不符合条件，如图 7.11 所示。

图 7.11　"水仙花数"的识别与执行

（3）利用另一种方法也可以求出 d1、d2、d3，且不需使用内循环，设计条件为 a==d1*d1*d1+d2*d2*d2+d3*d3*d3。

Prog34.4

```c
#include "stdio.h"
int main()
{
    int a,s1,s2;
    a=6;
    while(a<=10000)
    {
        s1=2;
        s2=1;
        while(a/2>=s1)
        {
            if(!(a%s1))
                s2=s2+s1;
            s1++;
        }
        if(a==s2)
        {
            s1=1;
            while(a/2>=s1)
            {
                if(!(a%s1))
                    printf("%d+",s1);
                s1++;
            }
            printf("\b=%d\n",a);
        }
        a++;
    }
}
```

注释：

（1）寻找"完数"，范围是 6 到 10000 的整数。满足"完数"的条件：一个整数不包含本身的所有不同因子的和等于其本身的值，例如，6 是"完数"，因为 6=1+2+3，其中 1、2、3 都是 6 的因子。

（2）设计三个变量 a、s1、s2，变量 a 是外循环（第一层）循环变量，从 6 变化到 10000。变量 s1 是中间变量，也是内循环的循环变量；变量 s1 的初值是 2，用来寻找变量 a 的所有不包含变量 a 本身的不相同的因子。当条件!(a%s1)的值为 1 时，变量 s1 是变量的 a 因子，则将变量 s1 累加到变量 s2 中（变量 s2 的初值为 1，因为 1 是所有整数的因子），无条件执行 s1++;，使得寻找到的变量 a 的因子均不相同。输出：1+2+3=6 1+2+4+7+14=28 1+2+4+8+16+31+62+124+248=496 1+2+4+8+16+32+64+127+254+508+1016+2032+4064=8128，只有这四个数符合条件，如图 7.12 所示。

```
1+2+3=6
1+2+4+7+14=28
1+2+4+8+16+31+62+124+248=496
1+2+4+8+16+32+64+127+254+508+1016+2032+4064=8128
```

图 7.12　"完数"的识别与执行

（3）此程序采用"穷举法"，所有数据都被检测了一遍。如果数据量大，系统负担重。

Prog34.5

```c
#include "stdio.h"
int main()
{
    int a,p,q,s1,s2;
    printf("enter p,q:");
    scanf("%d,%d",&p,&q);
    s1=s2=1;
    a=2;
    printf("1(%d,%d):",p,q);
    while(p>=a&&q>=a)
    {
        if(!(p%a)&&!(q%a))
        {
            s1=s1*a;
            p=p/a;
            q=q/a;
            printf("%d*",a);
        }
        else
            a++;
    }
    printf("\b=%d\t\t",s1);
    s2=s1*p*q;
    printf("%d*%d*%d=%d\n",p,q,s1,s2);
    printf("enter p,q:");
    scanf("%d,%d",&p,&q);
    if(p<q)
    {
        p=p+q;
        q=p-q;
        p=p-q;
```

```
        }
        a=p%q;
        s2=p*q;
        printf("2(%d,%d):",p,q);
        while(a)
        {
            p=q;
            q=a;
            a=p%q;
        }
        s1=q;
        printf("%d\t\t",s1);
        s2=s2/s1;
        printf("%d\n",s2);
    }
```

注释:

（1）求两个整数的最大公约数和最小公倍数，两个整数的最大公约数是两个整数所有公共因子的积，两个整数的最小公倍数是两个整数的最大公约数与它们互质的因子积。例如，63 的因子是 1、3、3、7，72 的因子是 1、2、2、2、3、3。63 和 72 的公共因子是 3、3，最大公约数为 3*3=9；63 和 72 的互质因子是 7（63 的因子）和 8（72 的三个因子 2 的积），最小公倍数为 9*7*8。

（2）设计五个变量 a、p、q、s1、s2。

方法 1：变量 p 和变量 q 的初值是初始状态的两个整数，变量 a 用于求两个整数的所有公共因子，其初值是 2，变量 a、p、q 均是循环变量。当!(p%a)&&!(q%a)的值为 1 时，变量 a 的值是变量 p 和变量 q 中整数的公共因子，执行 s1=s1*a; =p/a;q=q/a;，将变量 a 的值累乘到变量 s1，变量 p 和变量 q 的值中均除去当前公共因子变量 a 的值，此时不要改变变量 a 的值，因为变量 a 的值可能还是变量 p 和变量 q 的值的公共因子。当!(p%a)&&!(q%a)的值为 0 时，当前变量 a 的值不是变量 p 和变量 q 中整数的公共因子，执行 a++;，递增（++）探索变量 p 和变量 q 的值的其他公共因子，直至 p>=a&&q>=a 的值为 0 时，变量 a 的值通过递增（++）不可能再出现变量 p 和变量 q 的值的公共因子。循环结束时，变量 s1 存储的是初始输入的两个整数的最大公约数，变量 p 和变量 q 的值则是初始输入的两个整数的互质因子，因此执行 s2=s1*p*q;，变量 s2 是求出的最小公倍数。输出：enter p,q:63,72 1(63,72):3*3=9　　 7*8*9=504，如图 7.13 所示。

方法 2：变量 a 是循环变量，初始变量 p 和变量 q 的值规定变量 p>=变量 q，变量 a 的初值是 p%q。当变量 a 的值不为 0 时，执行循环体 p=q;q=a;a=p%q;，变量 p 的值迭代变量 q 的值，变量 q 的值迭代变量 a 的值。当变量 a 的值为 0 时，循环结束，此时执行 s1=q;，变量 q 的值就是初始输入的两个整数的最大公约数，则变量 s1 的值就是循环结束后变量 q 的值。因变量 s2 在循环开始前记录了初始输入的两个整数的积，故循环结束后执行 s2=s2/s1;，变量 s2 就记录了两个整数的最大公约数与它们互质的因子积，即变量 s2 的值是初始输入的两个整数的最小公倍数，输出：enter p,q:63,72　2(72,63):9　　504，如图 7.13 所示。

图 7.13　最大公约数和最小公倍数

（3）方法 2 又称"辗转相除法"，是一种"迭代法"。

Prog34.6

```
#include "stdio.h"
int main()
{
    int f1,f2,f3,i;
    f1=f2=1;
    printf("%d\t%d\t",f1,f2);
    i=2;
    while(f2<10000)
    {
        f3=f1+f2;
        printf("%d",f3);
        i++;
        if(!(i%5))
            printf("\n");
        else
            printf("\t");
        f1=f2;
        f2=f3;
    }
}
```

注释：

（1）斐波那契数列（Fibonacci Sequence）又称黄金分割数列，因数学家莱昂纳多·斐波那契（Leonardo Fibonacci）以兔子繁殖为例而引入，故又称"兔子数列"，指的是这样一个数列：1, 1, 2, 3, 5, 8, 13, 21, 34,…。此程序实现输出斐波那契数列（最后一次繁殖数目超过 10000 时终止繁殖）。

（2）设计四个变量 f1、f2、f3、i，将变量 f2 作为循环变量，变量 i 辅助实现输出数据到终端时，每行输出的数列数据个数。数列中前两个数据为变量 f1、f2 的初值 f1=f2=1;，除第 1 项和第 2 项外，其他项可用变量 f3 记录，即执行 f3=f1+f2;，在求新的数据项时，当前变量 f1 的值用变量 f2 的值迭代，当前变量 f2 的值用变量 f3 的值迭代，如图 7.14 所示。

图 7.14　斐波那契数列的执行

（3）此程序使用的是"迭代法"。

Prog34.7

```c
#include "stdio.h"
int main()
{
    int a,e,i,o,u;
    char ch;
    a=e=i=o=u=0;
    while((ch=getchar())!='\n')
    {
        switch(ch)
        {
            case 'a':
            case 'A':a++;break;
            case 'e':
            case 'E':e++;break;
            case 'i':
            case 'I':i++;break;
            case 'o':
            case 'O':o++;break;
            case 'u':
            case 'U':u++;
        }
    }
    printf("a(A):%d\te(E):%d\ti(I):%d\n",a,e,i);
    printf("o(O):%d\tu(U):%d\n",o,u);
}
```

注释：

（1）简单字符型数据处理，输入一串字符（以回车'\n'结束），统计输入字符型数据中出现'a'或'A'、'e'或'E'、'i'或'I'、'o'或'O'、'u'或'U'的个数。

（2）定义五个整型变量 a、e、i、o、u，分别记录将变量输入字符型数据中出现'a'或'A'、'e'或'E'、'i'或'I'、'o'或'O'、'u'或'U'的个数；定义字符类型变量 ch，临时存储当前输入的字符型数据，变量 ch 是循环变量。当(ch=getchar())!='\n'值为 1 时，执行循环体 switch(ch) {case 'a':

case 'A':a++;break;…case 'u':　case 'U':u++;}。当 ch 的值是'a'或'A'时，执行 a++;break;。当 ch 的值是'e'或'E'时，执行 e++;break;。当 ch 的值是'i'或'I'时，执行 i++;break;。当 ch 的值是'o' 或'O'时，执行 o++;break;。当 ch 的值是'u'或'U'时，执行 u++;break;。假设输入：hello,how are you!I am from west anhui university，输出：a(A):2　e(E):1　i(I):2　o(O):1　u(U):2，如图 7.15 所示。

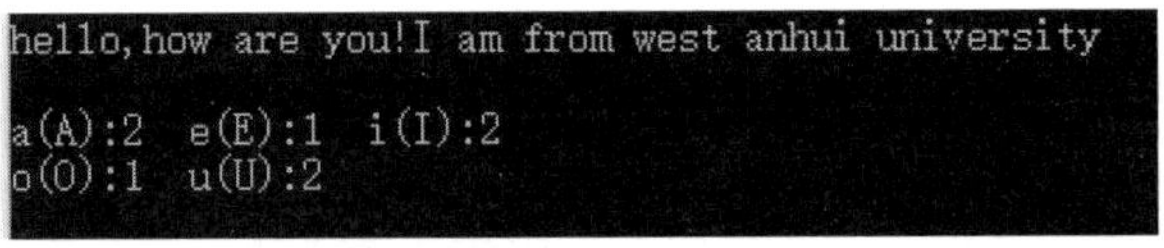

图 7.15　简单字符型数据处理

（3）此程序实现了简单的分类统计。

Prog34.8

```
#include "stdio.h"
int main()
{
    int cn,word;
    char ch;
    printf("Enter a line of characters:\n");
    word=0;
    cn=0;
    while((ch=getchar())!='\n')
    {
        if(ch!=' '&&word==0)
        {
            cn++;
            word=1;
        }
        if(ch==' '&&word==1)
            word=0;
    }
    printf("Count the number of words in a row separated by Spaces:%d\n",cn);
}
```

注释：

（1）一行文本的单词数统计（单词之间只用空格分隔，输入以回车'\n'结束）。

（2）定义三个变量 cn、word、ch，变量 ch 是循环变量；变量 cn 记录统计结果；变量 word 是识别完整单词的关键变量，循环执行过程中变量 word 的值可能会由 0 变换到 1 或由 1 变换到 0，其中由 0 变换到 1 代表发现一个新单词，由 1 变换到 0 代表单词结束。循环通过变量 ch 依次取出一行中的所有字符，当 ch!=' '&&word==0 的值为 1 时，执行 cn++;word=1;，断定当前发现了一个新单词，则变量 word 的值由 0 变换到 1，cn++记录当前发现的单词数。当 ch==' '&&word==1 的值为 1 时，执行 word=0;，断定当前变量 ch 取出的字符是一个单词刚结束之处，则变量 word 的值由 1 变换到 0。输入：Enter a line of characters:Count the number of words in a row separated by Spaces，输出：Count the number of words in a row separated by Spaces:11，如图 7.16 所示。

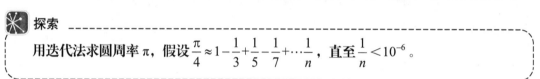

图 7.16　单词数统计的执行

（3）此程序收集变量 ch 和变量 word 的值在发生变化的过程中所表达出的逻辑信息。

探索

用迭代法求圆周率 π，假设 $\frac{\pi}{4} \approx 1 - \frac{1}{3} + \frac{1}{5} - \frac{1}{7} + \cdots \frac{1}{n}$，直至 $\frac{1}{n} < 10^{-6}$。

案例 35：钻石图的设计

Prog35.1

```c
#include "stdio.h"
int main()
{
    int i,j;
    printf("\t\t\t\t\tstep 1\n");
    printf("*");
    printf("\n");
    printf("\t\t\t\t\tstep 2\n");
    i=1;
    while(i<=7)
    {
        printf("*");
        printf("\n");
        i++;
    }
    printf("\t\t\t\t\tstep 3\n");
    i=1;
    while(i<=7)
```

```
{
    j=1;
    while(j<=2*i-1)
    {
        printf("*");
        j++;
    }
    printf("\n");
    i++;
}
printf("\t\t\t\tstep 4\n");
i=1;
while(i<=7)
{
    if(i<=7/2+1)
    {
        j=1;
        while(j<=2*i-1)
        {
            printf("*");
            j++;
        }
    }
    printf("\n");
    i++;
}
printf("\t\t\t\tstep 5\n");
i=1;
while(i<=7)
{
    if(i<=7/2+1)
    {
        j=1;
        while(j<=2*i-1)
        {
            printf("*");
            j++;
        }
    }
    else
    {
        j=1;
```

```
            while(j<=2*(7-i)+1)
            {
                printf("*");
                j++;
            }
        }
        printf("\n");
        i++;
}
printf("\t\t\t\t\tstep 6\n");
i=1;
while(i<=7)
{
    if(i<=7/2+1)
    {
        j=1;
        while(j<=7/2+1-i)
        {
            printf(" ");
            j++;
        }
        j=1;
        while(j<=2*i-1)
        {
            printf("*");
            j++;
        }
    }
    else
    {
        j=1;
        while(j<=i-7/2-1)
        {
            printf(" ");
            j++;
        }
        j=1;
        while(j<=2*(7-i)+1)
        {
            printf("*");
            j++;
        }
    }
```

```
        printf("\n");
        i++;
    }
    return 0;
}
```

注释：

（1）钻石图的设计属于"静态"设计，即设计一个具有 7 行符号为*的结构。此钻石图的行数为 $2n-1$，其中 n 代表上半部分的行数（若有 7 行则上半部分的行数 n 的值为 4）。

（2）此程序的思维分解（如图 7.17 所示）：

step 1 输出*；

step 2 输出 7 行*；

step 3 输出 7 行*且每行*的数目为 $2*i-1$（$i>=1$ 且 $i<=7$）；

step 4 仅输出 7 行*的上半部分且每行*的数目为 $2*i-1$（$i>=1$ 且 $i<=n$）；

step 5 输出 7 行*的上半部分且每行*的数目为 $2*i-1$（$i>=1$ 且 $i<=4$），输出下半部分且每行*的数目为 $2*(7-i)+1$（$i>=5$ 且 $i<=7$）；

step 6 在 step 5 的基础上设计每行前端的空格数目，上半部分每行前端的空格数为 7/2+ 1-i，随着行号的增加 1，每行多一个空格，下半部分每行前端的空格数为 i-7/2-1，随着行号的增加 1，每行减少一个空格。

（3）此程序采用任务–子任务的实现方法。任务：钻石图的设计。子任务：输出*，输出 7 行*，输出 7 行*且每行*的数目为 $2*i-1$，输出 7 行*的上半部分，在前面实现的子任务的基础上设计输出下半部分且每行*的数目为 $2*(7-i)+1$，最后一步实现图形的形状。

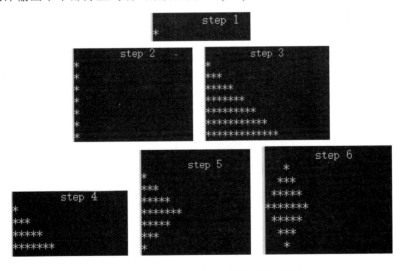

图 7.17　"静态"钻石图的设计与执行

Prog35.2

```
#include "stdio.h"
```

```
int main()
{
    int i,j,n;
    printf("input n:");
    scanf("%d",&n);
    i=1;
    while(i<=(2*n-1))
    {
        if(i<=(2*n-1)/2+1)
        {
            j=1;
            while(j<=(2*n-1)/2+1-i)
            {
                printf(" ");
                j++;
            }
            j=1;
            while(j<=2*i-1)
            {
                printf("*");
                j++;
            }
        }
        else
        {
            j=1;
            while(j<=i-(2*n-1)/2-1)
            {
                printf(" ");
                j++;
            }
            j=1;
            while(j<=2*((2*n-1)-i)+1)
            {
                printf("*");
                j++;
            }
        }
        printf("\n");
        i++;
    }
    return 0;
}
```

注释：

（1）"动态"钻石图的设计：此形状的行数定义为 2*n-1，变量 n 在程序执行时由交互输入。

（2）变量 i 为"外循环"的循环变量，循环执行时变量 i 的值代表当前行，变量 j 为"内循环"的循环变量。程序执行：当 i<=(2*n-1)/2+1 的值为 1 时，变量 i 代表"动态"钻石图的上半部分，j 从 1 变化到(2*n-1)/2+1-i，控制上半部分每行打印的空格数；j 从 1 变化到 2*i-1，控制上半部分每行打印*的数目。当 i<=(2*n-1)/2+1 的值为 0 时，变量 i 代表"动态"钻石图的下半部分，j 从 1 变化到 i-(2*n-1)/2-1，控制下半部分每行打印的空格数；j 从 1 变化到 2*((2*n-1)-i)+1，控制下半部分每行打印*的数目。输入：input n:6，输出 13 行，上半部分(2*n-1)/2+1 的值为 7，如图 7.18 所示。

（3）此程序采用任务–子任务结合"割补"法。"割补"法是指每行左补空格，图案分成上半部分与下半部分不同的处理方案。关键表达式：(2*n-1)表示总行数，当 i<=(2*n-1)/2+1 的值为 1 时表示上半部分，否则表示下半部分。上半部分 j 从 1 变化到(2*n-1)/2+1-i，控制上半部分每行打印的空格数；j 从 1 变化到 2*i-1，控制上半部分每行打印*的数目。下半部分 j 从 1 变化到 i-(2*n-1)/2-1，控制下半部分每行打印的空格数；j 从 1 变化到 2*((2*n-1)-i)+1，控制下半部分每行打印*的数目。

图 7.18　"动态"钻石图的设计与执行

Prog35.3

```c
#include "stdio.h"
int main()
{
    int i,j,n;
    printf("input n:");
    scanf("%d",&n);
    i=1;
    while(i<=(2*n-1))
    {
        if(i<=(2*n-1)/2+1)
        {
```

```
                j=1;
                while(j<=(80+(2*n−1))/2+(2*n−1)/2+1−i)
                {
                    printf(" ");
                    j++;
                }
                j=1;
                while(j<=2*i−1)
                {
                    printf("%c",'A'+i−1);
                    j++;
                }
            }
            else
            {
                j=1;
                while(j<=(80+(2*n−1))/2+i−(2*n−1)/2−1)
                {
                    printf(" ");
                    j++;
                }
                j=1;
                while(j<=2*((2*n−1)−i)+1)
                {
                    printf("%c",'A'+(2*n−1)−i);
                    j++;
                }
            }
            printf("\n");
            i++;
        }
    return 0;
}
```

注释：

（1）"动态"钻石图行变设计：行之间字母发生变化，同行字母相同，上半部分与下半部分对称。

（2）程序执行：当 i<=(2*n−1)/2+1 的值为 1 时，变量 i 代表"动态"钻石图的上半部分，j 从 1 变化到(80+(2*n−1))/2+(2*n−1)/2+1−i，控制上半部分每行打印的空格数，同时实现了图案输出时"居中"对齐。当 j<=2*i−1 的值为 1 时（这是"内循环"，j 从 1 变化到 2*i−1），执行 printf("%c",'A'+i−1);，表达式'A'+i−1，i 从 1 变化到(2*n−1)/2+1，每行的字母分别从'A'变化到'A'+i−1。当 i<=(2*n−1)/2+1 的值为 0 时，变量 i 代表"动态"钻石图的下半部分，j

从 1 变化到 j<=(80+(2*n-1))/2+i-(2*n-1)/2-1，控制下半部分每行打印的空格数，同时实现了关联上半部分图案并输出时"居中"对齐。当 j<=2*((2*n-1)-i)+1 的值为 1 时（这是"内循环"，j 从 1 变化到 2*((2*n-1)-i)+1），执行 printf("%c",'A'+(2*n-1)-i);，表达式'A'+(2*n-1)-i，i 从(2*n-1)/2+2 变化到(2*n-1)，每行的字母分别从'A'+(2*n-1)-i 变化到'A'，如图 7.19 所示。

（3）关键表达式：'A'+i-1 控制上半部分字母的行变，'A'+(2*n-1)-i 控制下半部分字母的行变。

图 7.19　"动态"钻石图行变的执行

Prog35.4

```c
#include "stdio.h"
int main()
{
    int i,j,n;
    printf("input n:");
    scanf("%d",&n);
    i=1;
    while(i<=(2*n-1))
    {
        if(i<=(2*n-1)/2+1)
        {
            j=1;
            while(j<=(80+(2*n-1))/2+(2*n-1)/2+1-i)
            {
                printf(" ");
                j++;
            }
            j=1;
            while(j<=2*i-1)
            {
                if(j<=(2*i-1)/2+1)
                    printf("%c",'A'+j-1);
```

```
                        else
                            printf("%c",'A'+(2*i-1)-j);
                        j++;
                    }
                }
                else
                {
                    j=1;
                    while(j<=(80+(2*n-1))/2+i-(2*n-1)/2-1)
                    {
                        printf(" ");
                        j++;
                    }
                    j=1;
                    while(j<=2*((2*n-1)-i)+1)
                    {
                        if(j<=(2*((2*n-1)-i)+1)/2+1)
                            printf("%c",'A'+j-1);
                        else
                            printf("%c",'A'+(2*((2*n-1)-i)+1)-j);
                        j++;
                    }
                }
                printf("\n");
                i++;
            }
        return 0;
    }
```

注释：

（1）"动态"钻石图列变设计：不同列之间字母发生变化，不同行之间字母也发生变化，图案列的左半部分和右半部分对称，图案行的上半部分与下半部分对称。

（2）程序执行：当 $i<=(2*n-1)/2+1$ 的值为 1 时，变量 i 代表"动态"钻石图的上半部分。"内循环" j 的值从 1 变化到 $2*i-1$，当 $j<=(2*i-1)/2+1$ 的值为 1 时，表示当前列的左半部分，执行 printf("%c",'A'+j-1);，每列的字母分别从'A'变化到'A'+j-1；当 $j<=(2*i-1)/2+1$ 的值为 0 时，表示当前列的右半部分，执行 printf("%c",'A'+(2*i-1)-j);，每列的字母分别从'A'+(2*i-1)-j 变化到'A'。

当 $i<=(2*n-1)/2+1$ 的值为 0 时，变量 i 代表"动态"钻石图的下半部分。"内循环" j 的值从 1 变化到 $2*((2*n-1)-i)+1$，当 $j<=(2*((2*n-1)-i)+1)/2+1$ 的值为 1 时，表示当前列的左半部分，执行 printf("%c",'A'+j-1);，每列的字母分别从'A'变化到'A'+j-1；当 $j<=(2*((2*n-1)-i)+1)/2+1$ 的值为 0 时，表示当前列的右半部分，执行 printf("%c",'A'+

(2*((2*n−1)−i)+1)−j);，每列的字母分别从(2*((2*n−1)−i)+1)−j 变化到'A'，如图 7.20 所示。

（3）关键表达式：'A'+j−1 控制当前行左半部分字母的列变，(2*((2*n−1)−i)+1)−j 控制当前行右半部分字母的列变。

图 7.20　"动态"钻石图列变的执行

※ 探索

试编程打印出如下表格。

第 8 章 指针的定义与引用

案例 36：指针的定义与含义

Prog36.1

```
#include "stdio.h"
int main()
{
    int a,*pa;
    float b,*pb;
    char c,*pc;
    double d,*pd;
    a=23;
    printf("addr(a):%x,size(a):%d,a:%d\n",&a,sizeof(a),a);
    pa=&a;
    printf("addr(pa):%x,size(pa):%d,pa:%x\n",&pa,sizeof(pa),pa);
    b=23.78;
    printf("addr(b):%x,size(b):%d,b:%f\n",&b,sizeof(b),b);
    pb=&b;
    printf("addr(pb):%x,size(pb):%d,pb:%x\n",&pb,sizeof(pb),pb);
    c='A';
    printf("addr(c):%x,size(c):%d,c:%c\n",&c,sizeof(c),c);
    pc=&c;
    printf("addr(pc):%x,size(pc):%d,pc:%x\n",&pc,sizeof(pc),pc);
    d=23.78;
    printf("addr(d):%x,size(d):%d,d:%f\n",&d,sizeof(d),d);
    pd=&d;
    printf("addr(pd):%x,size(pd):%d,pd:%x\n",&pd,sizeof(pd),pd);
    return 0;
}
```

注释：

（1）指针是一种类型，和其他类型一样可以定义存储单元（可称为指针存储单元），指针存储单元的值描述的是程序执行时其他存储单元的地址。一般系统在定义指针时，事先要初始化存储单元值的部分信息，以确定其"指向单元"的类型。例如，定义语句 int a, *pa;，定义变量 a 的类型为 int，定义指针变量 pa 的类型为类型名*，int 作为初始化信息存储到指针变量 pa 中，表示指针变量 pa 的值是一个整型单元的地址，而不是其他类型单元的地址（也把指针变量 pa 称为整型变量的指针）。定义语句 float b,*pb;，定义变量 b 的类型为 float，定义指针变量 pb 的类型为类型名*，float 表示指针变量 pb 的值就是一个单精度实型单元的地址。定义语句 char c,*pc;，定义变量 c 的类型为 char，定义指针变量 pc 的类型为类型名*，char 表示指针变量 pc 的值就是一个字符型单元的地址。定义语句 double d,*pd;，定义变量 d 的类型为 double，定义指针变量 pd 的类型为类型名*，double 表示指针变量 pd 的值就是一个双精度实型单元的地址。就类型而言，指针变量 pa、pb、pc、pd 是相同的，但由于有的系统定义时有初始化信息，所以使用时遵循"专用性"。

（2）执行 printf("addr(a):%x,size(a):%d,a:%d\n",&a,sizeof(a),a);，输出：addr(a):60fefc,size(a):4,a:23，则系统分配变量 a 存储单元的地址是 60fefc（十六进制数表示），变量 a 存储单元占用字节数是 4，变量 a 存储单元的值是 23。执行 pa=&a;，把变量 a 存储单元的地址存储到指针变量 pa 中（称变量 pa 是变量 a 的"指针"），系统也要分配给指针变量 pa 存储单元。执行 printf("addr(pa):%x,size(pa):%d,pa:%x\n",&pa,sizeof(pa),pa);，输出：addr(pa):60fef8,size(pa):4,pa:60fefc，变量 pa 存储单元的地址是 60fef8，变量 pa 存储单元占用字节数是 4，变量 pa 存储单元的值是 60fefc（变量 a 存储单元的地址）。

执行 printf("addr(b):%x,size(b):%d,b:%f\n",&b,sizeof(b),b);，输出：addr(b):60fef4,size(b):4,b:23.780001，则系统分配变量 b 存储单元的地址是 60fef4（十六进制数表示），变量 b 存储单元占用字节数是 4，变量 b 存储单元的值是 23.780001。执行 pb=&b;，把变量 b 存储单元的地址存储到指针变量 pb 中（称变量 pb 是变量 b 的"指针"），系统也要分配给指针变量 pb 存储单元。执行 printf("addr(pb):%x,size(pb):%d,pb:%x\n",&pb,sizeof(pb),pb);，输出：addr(pb):60fef0,size(pb):4,pb:60fef4，变量 pb 存储单元的地址是 60fef0，变量 pb 存储单元占用字节数是 4，变量 pb 存储单元的值是 60fef4（变量 b 存储单元的地址）。

执行 printf("addr(c):%x,size(c):%d,c:%c\n",&c,sizeof(c),c);，输出：addr(c):60feef,size(c):1,c:A，则系统分配变量 c 存储单元的地址是 60feef（十六进制数表示），变量 c 存储单元占用字节数是 1，变量 c 存储单元的值是 A。执行 pc=&c;，把变量 c 存储单元的地址存储到指针变量 pc 中（称变量 pc 是变量 c 的"指针"），系统也要分配给指针变量 pc 存储单元。执行 printf("addr(pc):%x,size(pc):%d,pc:%x\n",&pc,sizeof(pc),pc);，输出：addr(pc):60fee8,size(pc):4,pc:60feef，变量 pc 存储单元的地址是 60fee8，变量 pc 存储单元占用字节数是 4，变量 pc 存储单元的值是 60feef（变量 c 存储单元的地址）。

执行 printf("addr(d):%x,size(d):%d,d:%f\n",&d,sizeof(d),d);，输出：addr(d):60fee0,size(d):8,d:23.780000，则系统分配变量 d 存储单元的地址是 60fee0（十六进制数表示），变量 d 存储单元占用字节数是 8，变量 d 存储单元的值是 23.780000。执行 pd=&d;，把变量 d 存储单元的地址存储到指针变量 pd 中（称变量 pd 是变量 d 的"指针"），系统也要分配给指针变量 pd 存储单元，执行 printf("addr(pd):%x,size(pd):%d,pd:%x\n",&pd,sizeof(pd),pd);，输出：addr(pd):60fedc,size(pd):4,pd:60fee0，变量 pd 存储单元的地址是 60fedc，变量 pd 存储单元的值是 60fee0（变量 d 存储单元的地址），如图 8.1 所示。

图 8.1 指针的含义

案例 37：指针的引用

Prog37.1

```c
#include "stdio.h"
int main()
{
    int a,*pa;
    printf("enter a:");
    scanf("%d",&a);
    printf("1 a=%d\n",a);
    pa=&a;
    printf("enter a(pa):");
    scanf("%d",pa);
    printf("2 a=%d\n",a);
    printf("enter pa:");
    a=14;
    scanf("%d",&pa);
    printf("3 pa=%d,a=%d\n",pa,a);
    *pa=1;
    printf("4 pa=%d\n",a);
    return 0;
}
```

注释：

（1）程序执行时，对存储单元的访问是"按址访问"，变量在系统编译时就被分配了一个目标地址，程序在连接运行时将存储单元的目标地址映射成物理地址，运行程序将访问此物理地址描述的存储单元。

（2）执行 scanf("%d",&a);，输入：enter a:23，输出：1 a=23，则变量 a 的值是 23。执行 pa=&a;printf("enter a(pa):");scanf("%d",pa);，输入：enter a(pa):23，输出：2 a=23，则变量 a 的值还是 23，变量 pa 的值是变量 a 的地址。执行 a=14; scanf("%d",&pa);，输入：enter pa:23，输出：3 pa=23,a=14，则变量 a 的值是赋的初值 14，变量 pa 的值 23 代表一个未知单元的地

址而不是变量 a 的地址，该输入数据传送到指针变量 pa 中，这种输入对后面指针变量 pa 的引用将是十分危险的。执行*pa=1;，*pa 运算结果为指针变量 pa 的值代表的内存单元，由于这个单元不是系统"主动"分配的，所以语句*pa=1;的执行出现异常，系统自动终止程序的执行，语句 printf("4 pa=%d\n",a);及后面的语句不再执行，如图 8.2 所示。

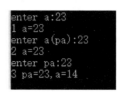

图 8.2　指针的输入

（3）表达式*pa 中的运算符*是指针引用运算符，其运算对象为指针单元，运算结果为运算对象的值代表的地址所描述的存储单元。例如，执行 pa=&a;，指针变量 pa 的值是变量 a 的地址，再运行*pa 时，*pa 运算结果为变量 a。使用指针变量时注意，不要在程序执行时通过输入语句给指针变量输入数据，也不要给指针变量赋予非存储单元地址的值。

Prog37.2

```c
#include "stdio.h"
int main()
{
    int a,b,*pa;
    pa=&a;
    a=23;
    printf("1 a=%d,*pa=%d\n",a,*pa);
    *pa=14;
    printf("2 pa=%d,&a=%d,*pa=%d,a=%d\n",pa,&a,*pa,a);
    pa=&b;
    *pa=23;
    printf("3 pa=%d,&a=%d,&b=%d,*pa=%d,a=%d,b=%d\n",pa,&a,&b,*pa,a,b);
    return 0;
}
```

注释：

执行 pa=&a;后，指针变量 pa 是变量 a 的指针。执行 printf("1 a=%d,*pa=%d\n",a,*pa);，输出：1 a=23,*pa=23，*pa 的运算结果是变量 a 的存储单元，*pa 等价于变量 a。执行*pa=14;，值 14 实际上是赋值到变量 a 中的。执行 printf("2 pa=%d,&a=%d,*pa=%d,a=%d\n",pa,&a,*pa,a);，输出：2 pa=6356728,&a=6356728,*pa=14,a=14，指针变量 pa 的值（6356728）是&a，表达式*pa 的值与变量 a 的值相同。执行 pa=&a;后，指针变量 pa 是变量 b 的指针。执行*pa=23;，变量 b 的值是 23，指针变量 pa 不再是变量 a 的指针，表达式*pa 的运算结果

是变量 b 的存储单元。执行 printf("3 pa=%d,&a=%d,&b=%d,*pa=%d,a=%d,b=%d\n",pa,&a, &b,*pa,a,b);，输出：3 pa=6356724,&a=6356728,&b=6356724,*pa=23,a=14,b=23，如图 8.3 所示。

图 8.3　指针变量的引用

Prog37.3

```c
#include "stdio.h"
int main()
{
    int a,b,t,*pa,*pb,*pt;
    pa=&a;
    pb=&b;
    a=23;
    b=14;
    printf("0 a=%d,b=%d,pa(&a)=%d,pb(&b)=%d\n",a,b,pa,pb);
    t=a;
    a=b;
    b=t;
    printf("1'swap a=%d,b=%d,pa(&a)=%d,pb(&b)=%d\n",a,b,pa,pb);
    a=23;
    b=14;
    t=*pa;
    *pa=*pb;
    *pb=t;
    printf("2'swap a=%d,b=%d,pa(&a)=%d,pb(&b)=%d\n",a,b,pa,pb);
    a=23;
    b=14;
    pt=pa;
    pa=pb;
    pb=pt;
    printf("3'swap a=%d,b=%d,pa(&b)=%d,pb(&a)=%d\n",a,b,pa,pb);
    return 0;
}
```

注释：

（1）用指针变量实现两个数据的交换，一个数据存储单元定义其指针，访问该数据存储单元有两种方式：通过变量名（如果已经绑定）直接访问，通过其指针间接访问。

（2）执行 pa=&a; pb=&b;，指针变量 pa 和 pb 分别是变量 a 和变量 b 的指针，执行 a=23; b=14;，变量 a 和变量 b 的初值分别为 23 和 14。执行 printf("0 a=%d,b=%d,pa(&a)=%d,pb(&b)=%d\n",a,b,pa,pb);，输出：0 a=23,b=14,pa(&a)=6356716,pb(&b)=6356712，指针变量 pa 和 pb 分别存储变量 a 和变量 b 的地址，即指针变量 pa 的值 6356716 是&a，指针变量 pb 的值 6356712 是&b。

方法一：执行 t=a;a=b;b=t;，变量 a 和变量 b 的值实现了交换；执行 printf("1'swap a=%d,b=%d,pa(&a)=%d,pb(&b)=%d\n",a,b,pa,pb);，输出：1'swap a=14,b=23,pa(&a)=6356716,pb(&b)=6356712，指针变量 pa 和 pb 分别还是变量 a 和变量 b 的指针，而变量 a 和变量 b 的指针并没有交换。

方法二：执行 t=*pa;*pa=*pb;*pb=t;，表达式*pa 的运算结果是变量 a 的存储单元，即*pa 等价于变量 a，表达式*pb 的运算结果是变量 b 的存储单元，即*pb 等价于变量 b，因此 t=*pa;*pa=*pb;*pb=t;的执行与 t=a;a=b;b=t;的执行均实现变量 a 和变量 b 的值的交换。执行 printf("2'swap a=%d,b=%d,pa(&a)=%d,pb(&b)=%d\n",a,b,pa,pb);，输出：2'swap a=14,b=23,pa(&a)=6356716,pb(&b)=6356712，变量 a 和变量 b 的指针分别还是指针变量 pa 和 pb，并没有改变。

执行 pt=pa;pa=pb;pb=pt;，实现的是指针变量 pa 的值 6356716 即&a 与指针变量 pb 的值 6356712 即&b 的交换。执行 printf("3'swap a=%d,b=%d,pa(&b)=%d,pb(&a)=%d\n",a,b,pa,pb);，输出：3'swap a=23,b=14,pa(&b)=6356712,pb(&a)=6356716。执行后变量 a 和变量 b 的值没有交换，但指针变量 pa 是变量 b 的指针，指针变量 pb 是变量 a 的指针，指针变量 pa 和 pb 分别存储变量 b 和变量 a 的地址，即指针变量 pa 的值 6356712 是&b，指针变量 pb 的值 6356716 是&a，如图 8.4 所示。

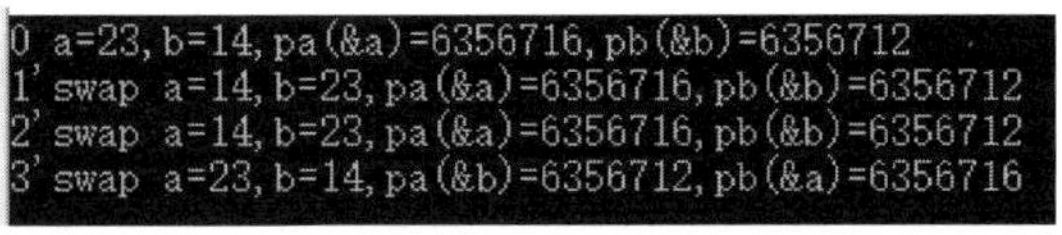

```
0 a=23,b=14,pa(&a)=6356716,pb(&b)=6356712
1' swap a=14,b=23,pa(&a)=6356716,pb(&b)=6356712
2' swap a=14,b=23,pa(&a)=6356716,pb(&b)=6356712
3' swap a=23,b=14,pa(&b)=6356712,pb(&a)=6356716
```

图 8.4　指针变量实现两个整数交换

案例 38：指针的指针定义与引用

Prog38.1

```
#include "stdio.h"
int main()
{
    int a,*pa,**ppa;
    pa=&a;
    ppa=&pa;
    a=23;
```

```
    printf("0 a=%d,&a=%x\n",a,&a);
    printf("1 a(pa)=%d,pa=%x,&pa=%x\n",*pa,pa,&pa);
    printf("2 a(ppa)=%d,pa(ppa)=%x,ppa=%x\n",**ppa,*ppa,ppa);
    return 0;
}
```

注释：

（1）指针变量是一个存储单元，本身有属性值（单元地址），如果一个指针变量的值是其他指针单元的地址，则该指针单元是指针的指针。定义 int a,*pa,**ppa;，指针变量 pa 可以存储整型单元的地址，指针变量 ppa 存储的值代表的单元类型为 int *，指针变量 ppa 称为指针的指针。

（2）执行 pa=&a; ppa=&pa;，指针变量 pa 是整型变量 a 的指针，指针变量 ppa 是指针变量 pa 的指针（指针的指针）。执行 printf("0 a=%d,&a=%x\n",a,&a);，输出：0 a=23,&a=60fef8，变量 a 的值是 23，变量 a 的地址是 60fef8。

执行 printf("1 a(pa)=%d,pa=%x,&pa=%x\n",*pa,pa,&pa);，输出：1 a(pa)=23,pa=60fef8，&pa=60fef4。表达式*pa 的运算结果为变量 a 的存储单元，输出的值就是变量 a 的值，*pa 就是变量 a；指针变量 pa 的值是 60fef8，就是变量 a 的地址，指针变量 pa 的地址（&pa）是 60fef4。

执行 printf("2 a(ppa)=%d,pa(ppa)=%x,ppa=%x\n",**ppa,*ppa,ppa);，输出：2 a(ppa)=23,pa(ppa)=60fef8,ppa=60fef4。表达式**ppa 的运算结果为变量 a 的存储单元，输出的值就是变量 a 的值，*ppa 就是指针变量 pa，**ppa 等价于*pa 即变量 a；表达式*ppa 的运算结果为指针变量 pa 的存储单元，输出的值就是指针变量 pa 的值&a；指针变量 ppa 的值是 60fef4，就是指针变量 pa 的地址，如图 8.5 所示。

```
0 a=23,&a=60fef8
1 a(pa)=23,pa=60fef8,&pa=60fef4
2 a(ppa)=23,pa(ppa)=60fef8,ppa=60fef4
```

图 8.5　指针的指针定义与引用

（3）理解指针最好的方法是"等价法"。本案例中，ppa ⇔ &pa，pa ⇔ &a，*ppa ⇔ pa，**ppa ⇔ *pa ⇔ a。

 探索

用指针表示 5 个整数中的最大值和最小值。

案例 39：数组的含义与定义

Prog39.1

```c
#include "stdio.h"
int main()
{
    int a[5];
    int i;
    a[0]=12;
    a[1]=9;
    a[2]=36;
    a[3]=1;
    a[4]=23;
    printf("0 ");
    printf("a[0]=%d\t",a[0]);
    printf("a[1]=%d\t",a[1]);
    printf("a[2]=%d\t",a[2]);
    printf("a[3]=%d\t",a[3]);
    printf("a[4]=%d\n",a[4]);
    printf("1");
    i=0;
    while(i<5)
    {
        printf("a[%d]=%d\t",i,a[i]);
        i++;
    }
    printf("\n");
    return 0;
}
```

注释：

（1）int a[5]; 是定义数组的语句，其中，[5]是数组的类型名，定义时方括号中必须是常量（该定义的常量是 5）或常量表达式（也有系统没有这个约定）。其含义是[5]定义了 5 个存储单元，int 表示每个存储单元的类型。

（2）执行阶段数组的定义存储单元一般只能以基本类型为单位的单元（如 int）"逐个"使用，执行阶段 a[0]、a[1]、a[2]、a[3]、a[4]是表达式，通过[ ]运算符描述数组中的每个单元。a[0]中[ ]运算符左对象是"数组名"，[ ]运算符的内部是一个"形式值"（形式包括常量、变量、表达式、函数等），"形式值"的范围从 0 到"数组定义下标最大值（5）−1"（即 4），a[0]的运算结果就是数组 a 下标 0 的存储单元，这个存储单元的基本类型为 int，就是一个整型存储单元。同理，表达式 a[1]、a[2]、a[3]、a[4]的运算结果就是数组 a 下标分别为 1、2、3、4 的存储单元，这些存储单元的基本类型为 int，每一个都是一个整型存储单元。表达式 a[i]的运算结果就是数组 a 下标为变量 i（i>=0&& i<=5−1）的存储单元。

执行 a[0]=12;a[1]=9;a[2]=36;a[3]=1;a[4]=23;，实现给数组 a 存储单元（数组元素）"逐个"赋值。执行 printf("0");printf("a[0]=%d\t",a[0]);printf("a[1]=%d\t",a[1]); printf("a[2]=%d\t",a[2]); printf("a[3]=%d\t",a[3]); printf("a[4]=%d\n",a[4]);，"逐个"输出数组 a 数组元素的值，输出：0 a[0]=12   a[1]=9   a[2]=36   a[3]=1   a[4]=23。

也可以采用循环结构"逐个"引用数组元素，执行 printf("1"); i=0; while(i<5) {printf("a[%d]=%d\t",i,a[i]); i++;}，实现功能与"0"状态下相同，循环变量为变量 i，变量 i 从 1 变化到 4，循环每执行一次，变量 i 递增 1，表达式 a[i]依次引用每个数组元素，输出：1 a[0]=12   a[1]=9   a[2]=36   a[3]=1   a[4]=23，如图 9.1 所示。

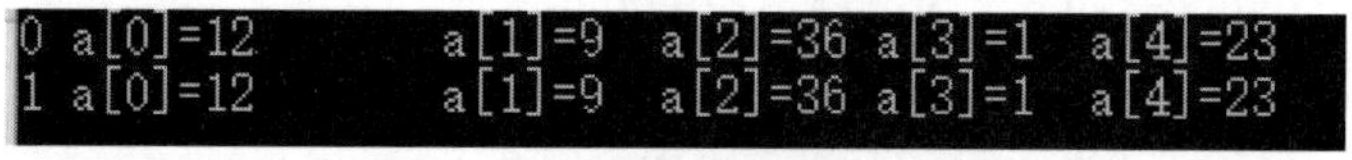

```
0 a[0]=12        a[1]=9  a[2]=36 a[3]=1  a[4]=23
1 a[0]=12        a[1]=9  a[2]=36 a[3]=1  a[4]=23
```

图 9.1 数组的定义与引用

（3）定义数组时[ ]是数组类型，[ ]左边是数组名（标识符），[ ]内部是常量或常量表达式。执行时[ ]是运算符，左对象是数组名，[ ]内部是"形式值"；运算结果为数组名描述的一组存储单元中"形式值"为下标的存储单元。

Prog39.2

```c
#include "stdio.h"
int main()
{
    int a[5];
    int i;
    a[0]=12;
    a[1]=9;
    a[2]=36;
    a[3]=1;
    a[4]=23;
    printf("0 ");
    printf("a=%x\n",a);
    printf("&a[0]=%x,size(a[0])=%d,a[0]=%d\n",&a[0],sizeof(a[0]),a[0]);
```

```
        printf("&a[1]=%x,size(a[1])=%d,a[1]=%d\n",&a[1],sizeof(a[1]),a[1]);
        printf("&a[2]=%x,size(a[2])=%d,a[2]=%d\n",&a[2],sizeof(a[2]),a[2]);
        printf("&a[3]=%x,size(a[3])=%d,a[3]=%d\n",&a[3],sizeof(a[3]),a[3]);
        printf("&a[4]=%x,size(a[4])=%d,a[4]=%d\n",&a[4],sizeof(a[4]),a[4]);
        printf("1 ");
        printf("a=%x,a+0=%x,&a[0]=%x\n",a,a+0,&a[0]);
        printf("a=%x,a+1=%x,&a[1]=%x\n",a,a+1,&a[1]);
        printf("a=%x,a+2=%x,&a[2]=%x\n",a,a+2,&a[2]);
        printf("a=%x,a+3=%x,&a[3]=%x\n",a,a+3,&a[3]);
        printf("a=%x,a+4=%x,&a[4]=%x\n",a,a+4,&a[4]);
        return 0;
    }
```

注释：

（1）定义语句 int a[5];，标识符 a 称为数组名，系统会为数组 a 的每个元素定义下标，下标是 0 到 5−1，执行时 [ ] 通过数组名 a 和下标运算出数组的各个元素。

（2）状态 0 下，执行 printf("a=%x\n",a);，输出：a=60feec。执行 printf("&a[0]=%x,size(a[0])=%d,a[0]=%d\n",&a[0],sizeof(a[0]),a[0]);，输出：&a[0]=60feec,size(a[0])=4,a[0]=12。&a[0] 的值 60feec 与数组名 a 的值 60feec 相同，说明定义数组时静态绑定数组名 a 的值为数组元素中首单元 a[0] 的地址 &a[0]（数组名 a 是数组元素 a[0] 的指针）。由于定义数组时静态绑定，所以称数组名 a 为静态指针（只能代表数组元素 a[0] 的指针），执行时不能改变数组名 a 的值。数组 a 的每个存储单元均是一个整型存储单元，运行 sizeof(a[0])、sizeof(a[1])、sizeof(a[2])、sizeof(a[3])、sizeof(a[4]) 的值都是 4（每个单元占用的字节数为 4）。数组 a 下标为 0 的单元的值为 12，状态 0 下其他语句的执行与此类似，如图 9.2 所示。

```
0 a=60feec
&a[0]=60feec, size(a[0])=4, a[0]=12
&a[1]=60fef0, size(a[1])=4, a[1]=9
&a[2]=60fef4, size(a[2])=4, a[2]=36
&a[3]=60fef8, size(a[3])=4, a[3]=1
&a[4]=60fefc, size(a[4])=4, a[4]=23
1 a=60feec, a+0=60feec, &a[0]=60feec
a=60feec, a+1=60fef0, &a[1]=60fef0
a=60feec, a+2=60fef4, &a[2]=60fef4
a=60feec, a+3=60fef8, &a[3]=60fef8
a=60feec, a+4=60fefc, &a[4]=60fefc
```

图 9.2　数组的含义

状态 1 下，执行 printf("a=%x,a+0=%x,&a[0]=%x\n",a,a+0,&a[0]);，输出：a=60feec,a+0=60feec,&a[0]=60feec。数组名 a 的值与表达式 a+0、&a[0] 的值均相同，a[0] 有三种表达方式。执行 printf("a=%x,a+1=%x,&a[1]=%x\n",a,a+1,&a[1]);，输出：a=60feec,a+1=60fef0,

&a[1]=60fef0。数组名 a 的值与表达式 a+1 的值并不是相差 1，而是相差 4（60fef0−60feec=4）。a+1 的值与&a[1]的值相同，则表达式 a+1 的值是 a[1]的地址，因此 a+1 并不是数组名 a 的值加 1，而是表示数组 a 下标为 1 的存储单元的地址。

同理，执行 printf("a=%x,a+2=%x,&a[2]=%x\n",a,a+2,&a[2]); printf("a=%x,a+3=%x,&a[3]=%x\n",a,a+3,&a[3]); printf("a=%x,a+4=%x,&a[4]=%x\n",a,a+4,&a[4]);，输出：a=60feec,a+2=60fef4,&a[2]=60fef4　a=60feec,a+3=60fef8,&a[3]=60fef8　a=60feec,a+4=60fefc,&a[4]=60fefc，如图 9.2 所示。a+2 与 a 相差两个整型单元的地址，a+2 的值与 a 的值相差 2*4（60fef4−60feec=2*4）；a+3 与 a 相差三个整型单元的地址，a+3 的值与 a 的值相差 3*4（60fef8−60feec=3*4）；a+4 与 a 相差四个整型单元的地址，a+4 的值与 a 的值相差 4*4（60fefc−60feec=4*4）。

（3）数组名是静态指针，代表定义的数组元素集首单元的地址，数组名与数组下标的和运算的是数组元素集中对应下标的地址。

Prog39.3

```c
#include "stdio.h"
int main()
{
    int a[5];
    int i;
    printf("input array(0)\n");
    i=0;
    while(i<5)
    {
        printf("a[%d]:",i);
        scanf("%d",&a[i]);
        i++;
    }
    i=0;
    printf("output array(0)\n");
    i=0;
    while(i<5)
    {
        printf("a[%d]:%d\n",i,a[i]);
        i++;
    }
    printf("input array(1)\n");
    i=0;
    while(i<5)
    {
        printf("a[%d]:",i);
        scanf("%d",a+i);
```

```
        i++;
    }
    i=0;
    printf("output array(1)\n");
    i=0;
    while(i<5)
    {
        printf("a[%d]:%d\n",i,a[i]);
        i++;
    }
    return 0;
}
```

注释：

（1）数组输入/输出，一般只能按照基本类型存储单元"逐个"地输入/输出，因为输入/输出的格式控制符（%d、%c、%f 等）均是以基本类型为单位的。但字符型数据提供了%s，可以实现以"字符串"为单位输入/输出。数组输入/输出一般由循环结构设计。

（2）此程序在输入数组时采用了两种方法，依据的是数据元素地址的表示方法。数组 a 的元素地址的表示方法有&a[i]和 a+i，其输入方法对应的有 scanf("%d",&a[i]);和 scanf("%d",a+i);，二者功能完全等价，如图 9.3 所示。

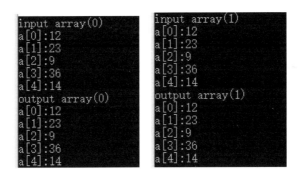

图 9.3　数组的输入/输出

Prog39.4

```
#include "stdio.h"
int main()
{
    int a[5]={12,46,23,1,36},b[5]={1},c[5];
    int i;
    i=0;
    printf("output array(a)\n");
    i=0;
```

```
        while(i<5)
        {
            printf("a[%d]:%d    ",i,a[i]);
            i++;
        }
        i=0;
        printf("\noutput array(b)\n");
        i=0;
        while(i<5)
        {
            printf("b[%d]:%d    ",i,b[i]);
            i++;
        }
        i=0;
        printf("\noutput array(c)\n");
        i=0;
        while(i<5)
        {
            printf("c[%d]:%d    ",i,c[i]);
            i++;
        }
        return 0;
    }
```

注释：

（1）定义语句 int a[5]={12,46,23,1,36},b[5]={1},c[5];中，a[5]={12,46,23,1,36}定义数组 a 并将全部元素初始化，定义成功后 a[0]、a[1]、a[2]、a[3]、a[4]的值分别为 12、46、23、1、36。b[5]={1}定义数组 b 并只将数组元素 b[0]初始化为 1，数组 b 的其他元素会自动初始化为 0。定义 c[5]时没有初始化，其元素初值全部为“随机值”。

（2）执行数组 a 输出循环时，输出：output array(a)　a[0]:12　a[1]:46　a[2]:23　a[3]:1　a[4]:36。执行数组 b 输出循环时，输出：output array(b)　b[0]:1　b[1]:0　b[2]:0　b[3]:0　b[4]:0，即 b[0]的值为 1，其余都为 0。执行数组 c 输出循环时，输出：output array(c)　c[0]:607629832　c[1]:4199040　c[2]:4199040　c[3]:0　c[4]:4200976，即全部元素均为“随机值”，如图 9.4 所示。

```
output array(a)
a[0]:12  a[1]:46  a[2]:23  a[3]:1  a[4]:36
output array(b)
b[0]:1  b[1]:0  b[2]:0  b[3]:0  b[4]:0
output array(c)
c[0]:607629832  c[1]:4199040  c[2]:4199040  c[3]:0  c[4]:4200976
```

图 9.4　数组初始化

（3）当初始化数组全部元素时，定义语句 int a[5]={12,46,23,1,36}可简化成 int a[ ]={12,46,23,1,36}，下标可省略。

案例 40：数组与指针

Prog40.1

```
#include "stdio.h"
int main()
{
    int a[5]={12,9,36,1,23},*pa;
    int i;
    pa=a;
    printf("a=%x,pa=%x\n",a,pa);
    printf("----------------------0----------------------\n ");
    i=0;
    while(i<5)
    {
        printf("a[%d]=%d,pa[%d]=%d\n",i,a[i],i,pa[i]);
        printf("&a[%d]=%x,&pa[%d]=%x,a+%d=%x,pa+%d=%x\n",i,&a[i],i,&pa[i],i,a+i,i,pa+i);
        i++;
    }
    pa=a;
    printf("----------------------1----------------------\n ");
    i=0;
    while(i<5)
    {
        printf("*(a+%d)=%d,*(pa+%d)=%d\n",i,*(a+i),i,*(pa+i));
        printf("&*(a+%d)=%x,&*(pa+%d)=%x,a+%d=%x,pa+%d=%x\n",i,&*(a+i),i,&*(pa+i),i,a+i,i,pa+i);
        i++;
    }
    return 0;
}
```

注释：

（1）定义语句 int a[5]={12,9,36,1,23},*pa; 分别定义了数组 a 和指针变量 pa。数组名 a 的值是数组 a 首单元的地址（&a[0]），a[0]是一个整型数据单元，数组名 a 代表一个整型数据单元的指针。指针变量 pa 定义时初始化属性值为 int，表示其存储单元是存储一个整型数据单元的地址。因此，数组名 a 和指针变量 pa 的含义是一致的，但数组名 a 是静态指针（定义时初始化值，程序执行时不允许改变其值），指针变量 pa 是动态指针（可以在程序执行时改变其值）。

（2）执行 pa=a;（等价于 pa=&a[0];，因 a 等价于&a[0];），指针变量 pa 是数组 a 的指针（pa=&a[0];，指针变量 pa 是数组 a 元素的指针，即数组的指针和其元素的指针是一致的）。执行 printf("a=%x,pa=%x\n",a,pa);，输出：a=60fed4,pa=60fed4。数组名 a 和指针变量 pa 的值是相同的，数组名 a 和指针变量 pa 均可作为数组 a 的数组名。

循环结构执行 printf("a[%d]=%d,pa[%d]=%d\n",i,a[i],i,pa[i]);，分别输出：a[0]=12,pa[0]=12，…，a[4]=23,pa[4]=23，指针变量 pa 通过[i]运算引用数组 a 的元素（指针当成数组）。循环结构执行 printf("&a[%d]=%x,&pa[%d]=%x,a+%d=%x,pa+%d=%x\n",i,&a[i],i,&pa[i],i,a+i,i,pa+i);，分别输出：&a[0]=60fed4,&pa[0]=60fed4,a+0=60fed4,pa+0=60fed4，&a[1]=60fed8,&pa[1]= 60fed8,a+1=60fed8,pa+1=60fed8，&a[2]=60fedc,&pa[2]=60fedc,a+2=60fedc,pa+2= 60fedc，&a[3]=60fee0,&pa[3]=60fee0,a+3=60fee0,pa+3=60fee0，&a[4]=60fee4,&pa[4]=60fee4,a+4=60fee4,pa+4=60fee4。&a[0]⇔&pa[0]⇔a+0⇔pa+0，是数组 a 的元素指向 a[0]单元的地址；&a[1]⇔&pa[1]⇔a+1⇔pa+1，是数组 a 的元素指向 a[1]单元的地址；&a[2]⇔&pa[2]⇔a+2⇔pa+2，是数组 a 的元素指向 a[2]单元的地址；&a[3]⇔&pa[3]⇔a+3⇔pa+3，是数组 a 的元素指向 a[3]单元的地址；&a[4]⇔&pa[4]⇔a+4⇔pa+4，是数组 a 的元素指向 a[4]单元的地址。指针变量 pa 通过 pa[i]运算引用数组 a 的元素（指针当成数组）。

循环结构执行 printf("*(a+%d)=%d,*(pa+%d)=%d\n",i,*(a+i),i,*(pa+i));，分别输出：*(a+0)=12,*(pa+0)=12，…，*(a+4)=23,*(pa+4)=23，数组 a 通过*(a+i)指针间接引用数组 a 的元素（数组当成指针）。循环结构执行 printf("&*(a+%d)=%x,&*(pa+%d)=%x,a+%d=%x,pa+%d=%x\n",i,&*(a+i),i,&*(pa+i),i,a+i,i,pa+i);，分别输出：&*(a+0)=60fed4,&*(pa+0)=60fed4,a+0=60fed4,pa+0=60fed4，…，&*(a+4)=60fee4,&*(pa+4)=60fee4,a+4=60fee4,pa+4=60fee4，如图 9.5 所示。&*的运算对象是地址，&和*是"可逆"的。

图 9.5　数组与指针

（3）结论：a[i]⇔*(a+i)，*(pa+i)⇔pa[i]，&a[i]⇔a+i，pa+i⇔&pa[i]，&*(a+i)⇔a+i，&*(pa+i)⇔pa+i。

案例 41：指针运算

Prog41.1

```
#include "stdio.h"
int main()
{
    int a[5]={12,19,36,11,23},*pa;
    int i,j;
    pa=a;
    printf("----------------0---------------\n ");
    i=0;
    while(i<5)
    {
        printf("pa=%x   pa++=%x   ",pa,pa);
        pa++;
        printf("pa=%x\n",pa);
        i++;
    }
    pa=a;
    printf("----------------1---------------\n ");
    i=0;
    while(i<5)
    {
        printf("pa++(%d):a[%d]=%d   pa[0]=%d   *pa=%d\n ",i,i,a[i],pa[0],*pa);
        pa++;
        i++;
    }
    pa=a;
    printf("---------------2-------------\n ");
    i=0;
    while(i<5)
    {
        printf("pa++(%d):pa(%x)-a(%x)=%d\n",i,pa,a,pa-a);
        pa++;
        i++;
    }
```

```
        pa=a;
        printf("-------------------------------------------3-------------------------------------------\n ");
        i=0;
        while(i<5)
        {
            j=0;
            printf("pa++:");
            while(j<5-(pa-a))
            {
                printf("a[%d](%d):pa[%d](%d)   ",i+j,a[i+j],j,pa[j]);
                j++;
            }
            printf("\n");
            pa++;
            i++;
        }
        return 0;
}
```

注释:

（1）循环结构执行 printf("pa=%x   pa++=%x   ",pa,pa);pa++;printf("pa=%x\n",pa);，输出：pa=60fed0 pa++=60fed0 pa=60fed4 … pa=60fee0 pa++=60fee0 pa=60fee4，如图 9.6 所示。表达式 pa++的值是++运算前对象 pa 的值，++运算后对象 pa 的值增加指针变量 pa 一个属性单元的尺寸大小（如果指针变量 pa 属性单元的类型为 int，则尺寸大小为 4，即 60fed4−60fed0=4）。

图 9.6 pa++运算

（2）循环结构执行 printf("pa++:a[%d]=%d   pa[0]=%d   *pa=%d\t ",i,a[i],pa[0],*pa); pa++;，输出（如图 9.7 所示）：

```
pa++(0):a[0]=12   pa[0]=12   *pa=12
pa++(1):a[1]=19   pa[0]=19   *pa=19
pa++(2):a[2]=36   pa[0]=36   *pa=36
pa++(3):a[3]=11   pa[0]=11   *pa=11
pa++(4):a[4]=23   pa[0]=23   *pa=23
```

当 i=0 时，a[0]⇔pa[0]⇔*pa；当 i=1 时，a[1]⇔pa[0]⇔*pa；当 i=2 时，a[2]⇔pa[0]⇔*pa；

当 i=3 时，a[3]⇔pa[0]⇔*pa；当 i=4 时，a[4]⇔pa[0]⇔*pa。循环结构执行 pa++时，数组 a 的元素 a[i]始终是 pa[0]，通过 pa++就可用 pa[0]或*pa 依次引用数组 a 的元素 a[i]。

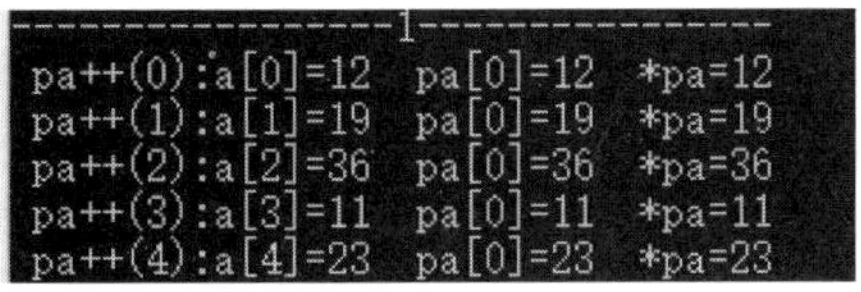

```
----------------1----------------
pa++(0):a[0]=12  pa[0]=12  *pa=12
pa++(1):a[1]=19  pa[0]=19  *pa=19
pa++(2):a[2]=36  pa[0]=36  *pa=36
pa++(3):a[3]=11  pa[0]=11  *pa=11
pa++(4):a[4]=23  pa[0]=23  *pa=23
```

图 9.7　pa++运算数组 a 与 pa

循环结构执行 printf("pa++(%d):pa(%x)−a(%x)=%d\n",i,pa,a,pa−a);pa++;，输出（如图 9.8 所示）：

```
pa++(0):pa(60fed0)−a(60fed0)=0
pa++(1):pa(60fed4)−a(60fed0)=1
pa++(2):pa(60fed8)−a(60fed0)=2
pa++(3):pa(60fedc)−a(60fed0)=3
pa++(4):pa(60fee0)−a(60fed0)=4
```

当 i=0 时，pa−a 的值是 0，其含义是指针变量 pa 和数组名 a 代表相同的数组存储单元 a[0]。当 i=1 时，pa−a 的值是 1，其含义是指针变量 pa 和数组名 a 代表相差的一个数组存储单元，指针变量 pa 代表数组元素 a[1]（但指针变量 pa 的值 60fed4 和数组名 a 的值 60fed0 相差 4）。当 i=2 时，pa−a 的值是 2，其含义是指针变量 pa 和数组名 a 代表相差的两个数组存储单元，指针变量 pa 代表数组元素 a[2]（但指针变量 pa 的值 60fed8 和数组名 a 的值 60fed0 相差 2*4）。当 i=3 时，pa−a 的值是 3，其含义是指针变量 pa 和数组名 a 代表相差的三个数组存储单元，指针变量 pa 代表数组元素 a[3]（但指针变量 pa 的值 60fedc 和数组名 a 的值 60fed0 相差 3*4）。当 i=4 时，pa−a 的值是 4，其含义是指针变量 pa 和数组名 a 代表相差的四个数组存储单元，指针变量 pa 代表数组元素 a[4]（但指针变量 pa 的值 60fee0 和数组名 a 的值 60fed0 相差 4*4）。指针变量 pa 在执行期间，可以代表数组 a 中任何元素的指针，其值可以是任何元素的地址。

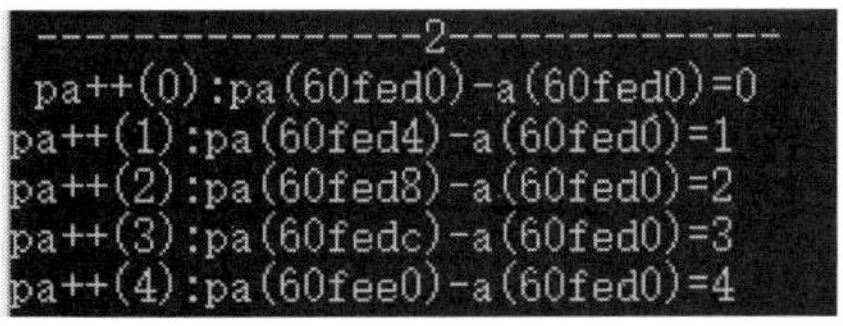

```
----------------2--------------
 pa++(0):pa(60fed0)-a(60fed0)=0
pa++(1):pa(60fed4)-a(60fed0)=1
pa++(2):pa(60fed8)-a(60fed0)=2
pa++(3):pa(60fedc)-a(60fed0)=3
pa++(4):pa(60fee0)-a(60fed0)=4
```

图 9.8　pa++运算与 pa 移动

循环结构执行 printf("a[%d](%d):pa[%d](%d)　",i+j,a[i+j],j,pa[j]);，内循环 j 的循环次数是 5−(pa−a)。当 i=0 时，5−(pa−a)=5，内循环 j 的循环次数是 5，输出：pa++:a[0](12):pa[0](12)　a[1](19):pa[1](19)　a[2](36):pa[2](36)　a[3](11):pa[3](11)　a[4](23):pa[4](23)。数组 a 首单元和数组 pa 首单元在同一位置。当 i=1 时，5−(pa−a)=4，内循环 j 的循环次数是 4，输出：pa++:a[1](19):pa[0](19)　a[2](36):pa[1](36)　a[3](11):pa[2](11)　a[4](23):pa[3](23)。数组 pa

将数组 a 元素 a[1]作为首单元，a[1+j]和 pa[j]表示同一存储单元。当 i=2 时，5−(pa−a)=3，内循环 j 的循环次数是 3，输出：pa++:a[2](36):pa[0](36)　a[3](11):pa[1](11)　a[4](23):pa[2](23)。数组 pa 将数组 a 元素 a[2]作为首单元，a[2+j]和 pa[j]表示同一存储单元。当 i=3 时，5−(pa−a)=2，内循环 j 的循环次数是 2，输出：pa++:a[3](11):pa[0](11)　a[4](23):pa[1](23)。数组 pa 将数组 a 元素 a[3]作为首单元，a[3+j]和 pa[j]表示同一存储单元。当 i=4 时，5−(pa−a)=1，内循环 j 的循环次数是 1，输出：pa++:a[4](23):pa[0](23)。数组 pa 将数组 a 元素 a[4]作为首单元，a[4+j]和 pa[j]表示同一存储单元，如图 9.9 所示。

```
pa++:a[0](12):pa[0](12)   a[1](19):pa[1](19)   a[2](36):pa[2](36)   a[3](11):pa[3](11)   a[4](23):pa[4](23)
pa++:a[1](19):pa[0](19)   a[2](36):pa[1](36)   a[3](11):pa[2](11)   a[4](23):pa[3](23)
pa++:a[2](36):pa[0](36)   a[3](11):pa[1](11)   a[4](23):pa[2](23)
pa++:a[3](11):pa[0](11)   a[4](23):pa[1](23)
pa++:a[4](23):pa[0](23)
```

图 9.9　pa++运算 pa 的相对性

（3）表达式 pa++运算结果实现指针变量向数组 a 高地址移动一个属性单元，利用循环结构可以实现指针变量 pa 在数组 a 中从低地址向高地址以属性单元为单位移动。

Prog41.2

```c
#include "stdio.h"
int main()
{
    int a[5]={12,19,36,11,23},*pa;
    int i;
    pa=a;
    printf("------------------------1------------------------\n ");
    i=0;
    while(i<5)
    {
        printf("*pa++(%d):a[%d]=%d    *pa=%d   ",i,i,a[i],*pa);
        printf("*pa++=%d",*pa++);
        printf("   *pa=%d\n",*pa);
        i++;
    }
    printf("------------------------2------------------------\n ");
    pa=a;
    i=0;
    while(i<5)
    {
        printf("pa++(%d):pa(%x)   ",i,pa);
```

```
            printf("pa++(%x)    ",pa++);
            printf("pa(%x)\n",pa);
            i++;
        }
        printf("-----------------------3------------------------\n ");
        printf("(*pa)++:\n");
        pa=a;
        i=0;
        while(i<5)
        {
            printf("a[%d]=%d    *pa=%d    pa=%x=>",i,a[i],*pa,pa);
            printf("(*pa)++=%d=>",(*pa)++);
            printf("*pa=%d\na[%d]=%d                pa=%x\n",*pa,i,a[i],pa);
            pa++;
            i++;
        }
        return 0;
    }
```

注释:

（1）表达式*pa++，先运算 pa++，运算符*的运算对象是 pa++，pa++的值与++运算前指针变量 pa 的值相同，因此*pa++运算出的存储单元就是指针变量 pa 运算++之前的存储单元。表达式*pa++运算之后，指针变量 pa 向高地址移动一个属性单元。表达式(*pa)++，先运算*pa，运算结果是属性单元，++运算对象是*pa，表达式(*pa)++的值是++运算前*pa 存储单元的值。

（2）循环结构执行 printf("*pa++(%d):a[%d]=%d   *pa=%d   ",i,i,a[i],*pa);printf("*pa++=%d",*pa++);printf("   *pa=%d\n",*pa);，输出（如图 9.10 所示）:

```
*pa++(0):a[0]=12    *pa=12    *pa++=12    *pa=19
*pa++(1):a[1]=19    *pa=19    *pa++=19    *pa=36
*pa++(2):a[2]=36    *pa=36    *pa++=36    *pa=11
*pa++(3):a[3]=11    *pa=11    *pa++=11    *pa=23
*pa++(4):a[4]=23    *pa=23    *pa++=23    *pa=4
```

图 9.10　*pa++运算过程与执行

当 i=0 时，*pa++的存储单元与 a[0]及执行*pa++之前*pa 的相同，执行*pa++之后*pa

的存储单元是 a[1]。当 i 从 0 增加到 5-1 时，*pa++的存储单元与 a[i]及执行*pa++之前*pa 的相同，执行*pa++之后*pa 的存储单元是 a[i+1]。

循环结构执行 printf("pa++(%d):pa(%x)　",i,pa);printf("pa++(%x)　",pa++);printf("pa(%x)\n", pa);，输出（如图 9.11 所示）：

```
pa++(0):pa(60fed4)   pa++(60fed4)   pa(60fed8)
pa++(1):pa(60fed8)   pa++(60fed8)   pa(60fedc)
pa++(2):pa(60fedc)   pa++(60fedc)   pa(60fee0)
pa++(3):pa(60fee0)   pa++(60fee0)   pa(60fee4)
pa++(4):pa(60fee4)   pa++(60fee4)   pa(60fee8)
```

表达式 pa++的值与执行 pa++之前指针变量 pa 的值相同，执行 pa++之后指针变量 pa 移动到高地址的一个属性单元。

```
-----------------------2------------------
pa++(0):pa(60fed4)   pa++(60fed4)   pa(60fed8)
pa++(1):pa(60fed8)   pa++(60fed8)   pa(60fedc)
pa++(2):pa(60fedc)   pa++(60fedc)   pa(60fee0)
pa++(3):pa(60fee0)   pa++(60fee0)   pa(60fee4)
pa++(4):pa(60fee4)   pa++(60fee4)   pa(60fee8)
```

图 9.11　pa++运算过程与执行

循环结构执行 printf("a[%d]=%d　*pa=%d　pa=%x=>",i,a[i],*pa,pa);printf("(*pa)++=%d=>", (*pa)++); printf("*pa=%d\na[%d]=%d　pa=%x\n",*pa,i,a[i],pa);，输出（如图 9.12 所示）：

```
0:a[0]=12   *pa=12   pa=60fed4=>(*pa)++=12=>*pa=13   a[0]=13   pa=60fed4
...
4:a[4]=23   *pa=23   pa=60fee4=>(*pa)++=23=>*pa=24   a[4]=24   pa=60fee4
```

当 i=0 时，表达式(*pa)++的值是执行(*pa)++之前*pa（a[0]）的值 12，执行(*pa)++之后*pa（a[0]）的值是 13，++的运算对象是*pa（a[0]）。依次类推，当 i=4 时，表达式(*pa)++的值是执行(*pa)++之前*pa（a[4]）的值 23，执行(*pa)++之后*pa（a[4]）的值是 24，++的运算对象是*pa（a[4]）。

```
-----------------------3------------------
(*pa)++:
0:a[0]=12   *pa=12   pa=60fed4=>(*pa)++=12=>*pa=13
a[0]=13               pa=60fed4
1:a[1]=19   *pa=19   pa=60fed8=>(*pa)++=19=>*pa=20
a[1]=20               pa=60fed8
2:a[2]=36   *pa=36   pa=60fedc=>(*pa)++=36=>*pa=37
a[2]=37               pa=60fedc
3:a[3]=11   *pa=11   pa=60fee0=>(*pa)++=11=>*pa=12
a[3]=12               pa=60fee0
4:a[4]=23   *pa=23   pa=60fee4=>(*pa)++=23=>*pa=24
a[4]=24               pa=60fee4
```

图 9.12　(*pa)++运算过程与执行

 探索

　　编写程序，分析++pa、*++pa、++*pa。

Prog41.3

```
#include "stdio.h"
int main()
{
    int a[5]={23,19,11,46,32},*pa,*pb;
    pa=a;
    pb=a+5-1;
    printf("-------------------------1-------------------------\n ");
    while(pa<=pb)
    {
        printf("%d    pa:%x,pb:%x\n",pa-a,pa,pb);
        printf("pa<=pb:%d,pb-pa:%d,a[pa-a](a[%d]):%d,a[pb-a](a[%d]):%d\n ",pa<=pb,pb-pa,pa-a,a[pa-a],
        pb-a,a[pb-a]);
        pa++;
        pb--;
    }
    printf("%d    pa:%x,pb:%x\n",pa-a,pa,pb);
    printf("pa<=pb:%d,pb-pa:%d,a[pa-a](a[%d]):%d,a[pb-a](a[%d]):%d\n ",pa<=pb,pb-pa,pa-a,a[pa-a],
    pb-a,a[pb-a]);
    pa=a;
    pb=a+5-1;
    printf("-------------------------2-------------------------\n ");
    while(pa<=pb)
    {
        printf("%d    pa:%x    pa+%d(pb-pa)=pb:%x pb:%x\n",pa-a,pa,pb-pa,pa+(pb-pa),pb);
        pa++;
        pb--;
    }
    return 0;
}
```

注释：

（1）表达式 pa<=pb 的值为"真"（1），表示指针变量 pa 在指针变量 pb 的低地址的位置上；表达式 pa<=pb 的值为"假"（0），表示指针变量 pa 在指针变量 pb 的高地址的位置上。指针变量其他关系运算的含义与此类似。

（2）循环结构执行 printf("%d   pa:%x,pb:%x\n",pa-a,pa,pb);printf("pa<=pb:%d,pb-pa:%d,a[pa-a](a[%d]):%d,a[pb-a](a[%d]):%d\n ",pa<=pb,pb-pa,pa-a,a[pa-a],pb-a,a[pb-a]);，输出（如图 9.13 所示）：

0	pa:60fed4,pb:60fee4	pa<=pb:1,pb-pa:4,a[pa-a](a[0]):23,a[pb-a](a[4]):32
1	pa:60fed8,pb:60fee0	pa<=pb:1,pb-pa:2,a[pa-a](a[1]):19,a[pb-a](a[3]):46
2	pa:60fedc,pb:60fedc	pa<=pb:1,pb-pa:0,a[pa-a](a[2]):11,a[pb-a](a[2]):11
3	pa:60fee0,pb:60fed8	pa<=pb:0,pb-pa:-2,a[pa-a](a[3]):46,a[pb-a](a[1]):19

当 pa–a 的值为 0 时，指针变量 pa 是数组元素 a[0]的指针，指针变量 pb 是 a[4]的指针，指针变量 pa（60fed4）在指针变量 pb（60fee4）的低地址的位置上，pa<=pb 的值为 1。此时，pb–pa 的值为 4 的含义是指针变量 pb 和指针变量 pa 之前相隔 4 个属性单元，a[pa–a]引用的是 a[0]，a[pb–a]引用的是 a[4]。当 pa–a 的值为 1 时，指针变量 pa 是数组元素 a[1]的指针，指针变量 pb 是 a[3]的指针，指针变量 pa（60fed8）在指针变量 pb（60fee0）的低地址的位置上，pa<=pb 的值为 1。此时，pb–pa 的值为 2 的含义是指针变量 pb 和指针变量 pa 之前相隔 2 个属性单元，a[pa–a]引用的是 a[1]，a[pb–a]引用的是 a[3]。当 pa–a 的值为 2 时，指针变量 pa 是数组元素 a[2]的指针，指针变量 pb 是 a[2]的指针，指针变量 pa（60fedc）和指针变量 pb（60fedc）所在的位置相同，pa<=pb 的值为 1，a[pa–a]和 a[pb–a]引用的都是 a[3]。当 pa–a 的值为 3 时，pa<=pb 的值为 0，循环退出，输出：3 pa:60fee0,pb:60fed8 pa<=pb:0,pb–pa:–2, a[pa–a](a[3]):46,a[pb–a](a[1]):19。指针变量 pa 跳到指针变量 pb 的高地址位置上，pb–pa 的值为–2 的含义是指针变量 pb 和指针变量 pa 之前相隔 2 个属性单元。

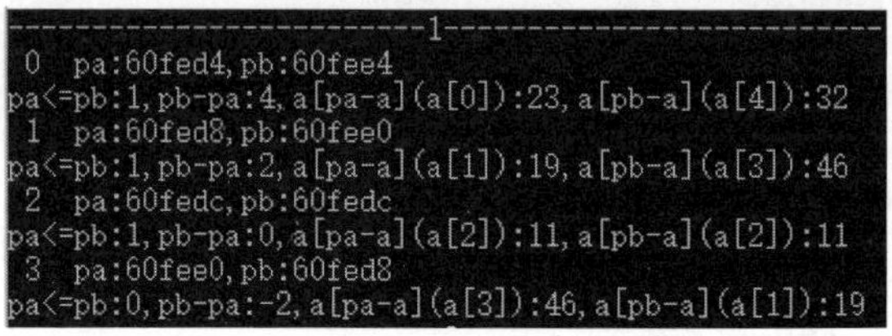

图 9.13 指针变量关系运算含义

循环结构执行 printf("%d   pa:%x   pa+%d(pb–pa)=pb:%x pb:%x\n",pa–a,pa,pb–pa, pa+(pb–pa),pb);，输出（如图 9.14 所示）：

```
0   pa:60fed4   pa+4(pb–pa):60fee4   pb:60fee4   pb–4(pb–pa):60fed4
1   pa:60fed8   pa+2(pb–pa):60fee0   pb:60fee0   pb–2(pb–pa):60fed8
2   pa:60fedc   pa+0(pb–pa):60fedc   pb:60fedc   pb–0(pb–pa):60fedc
```

当 pa–a 的值为 0 时，pa+4 的值是指针变量 pb 的值（a[4]的地址），pa+4 的含义是与指针变量 pa 的值代表的属性单元向高地址间隔 4 个属性单元的属性单元地址，pb–4 的值是指针变量 pa 的值（a[0]的地址），pb–4 的含义是与指针变量 pb 的值代表的属性单元向低地址间隔 4 个属性单元的属性单元地址。当 pa–a 的值为 1 时，pa+2 的值是指针变量 pb 的值（a[3]的地址），pa+2 的含义是与指针变量 pa 的值代表的属性单元向高地址间隔 2 个属性单元的属性单元地址，pb–2 的值是指针变量 pa 的值（a[1]的地址），pb–2 的含义是与指针变量 pb 的值代表的属性单元向低地址间隔 2 个属性单元的属性单元地址。当 pa–a 的值为 2 时，指针变量 pa 与指针变量 pb 都是 a[2]的指针。

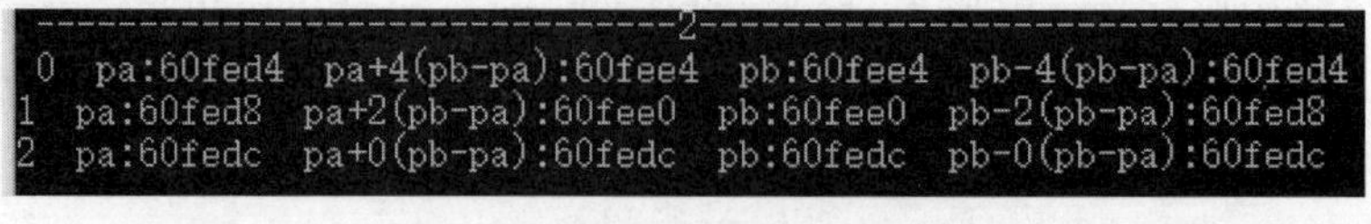

图 9.14 指针变量算术运算含义

（3）指针的关系运算：pa>pb 的值为"真"（1）时，其含义是指针变量 pa 属性单元在指针变量 pb 属性单元高地址的位置上。pa==pb 的值为"真"（1）时，其含义是指针变量 pa 属性单元和指针变量 pb 属性单元为同一单元。

指针算术运算（i>0）：pa+i 的含义是与指针变量 pa 属性单元向高地址间隔 i 属性单元的地址，pa−i 的含义是与指针变量 pa 属性单元向低地址间隔 i 属性单元的地址。pb−pa 的含义是指针变量 pa 与指针变量 pb 之间间隔的属性单元数量，pb−pa 的值为正数表示 pb 属性单元在 pa 属性单元的高地址处。

案例 42：数组元素引用

Prog42.1

```c
#include "stdio.h"
int main()
{
    int a[5]={23,19,11,46,32},max,min,*pmax,*pmin,*pa,i;
    i=0;
    max=min=0;
    printf("--------------1--------------\n ");
    while(i<5)
    {
        if(a[max]<a[i])
            max=i;
        if(a[min]>a[i])
            min=i;
        i++;
    }
    printf("a[max]:a[%d]=%d,a[min]:a[%d]=%d\n\n",max,a[max],min,a[min]);
    pa=a;
    pmax=pmin=a;
    printf("--------------2--------------\n ");
    while(pa-a<5)
    {
        if(a[pmax-a]<*pa)
            pmax=pa;
        if(a[pmin−a]>*pa)
            pmin=pa;
        pa++;
    }
    printf("a[max]:a[%d]=%d,a[min]:a[%d]=%d\n\n",pmax-a,a[pmax−a],pmin−a,a[pmin−a]);
    return 0;
}
```

注释：

（1）求数组中最大值、最小值及其所在的位置。定义 int a[5]={23,19,11,46,32}, max,min,*pmax,*pmin,*pa,i;，变量 max、min 分别记录最大值、最小值在数组 a 中的位置（下标），那么最大值、最小值在数组 a 中的单元分别是 a[max]、a[min]。指针变量 pmax、pmin 用于记录数组 a 中最大值、最小值所在单元的地址，指针变量 pmax 是最大值所在单元的指针，指针变量 pmin 是最小值所在单元的指针。表达式 pmax−a、pmin−a 分别计算出最大值、最小值在数组 a 中的位置（下标），那么最大值、最小值在数组 a 中的单元分别是 a[pmax−a]、a[pmin−a]。

（2）循环结构执行 if(a[max]<a[i])　max=i; if(a[min]>a[i])　min=i;，求出最大值、最小值在数组 a 中的位置（下标），输出：a[max]:a[3]=46,a[min]:a[2]=11。循环退出后，max=3，min=2，数组 a 中最大值、最小值所在的单元分别是 a[3]、a[2]。

循环结构执行 if(a[pmax−a]<*pa) pmax=pa; if(a[pmin−a]>*pa) pmin=pa;，输出：a[max]:a[3]=46,a[min]:a[2]=11，如图 9.15 所示。指针变量 pmax、pmin 分别是数组 a 中最大值（a[3]）、最小值（a[2]）所在单元的指针。表达式 pmax−a 的值是 3，其含义是数组 a 最大值所在单元（a[3]）与数组 a 首单元（a[0]）相隔 3 个单元。表达式 pmin−a 的值是 2，其含义是数组 a 最小值所在单元（a[2]）与数组 a 首单元（a[0]）相隔 2 个单元。循环退出后，pmax、pmin 分别是数组 a 中 a[3]、a[2]单元的指针。

```
----------------1--------------
 a[max]:a[3]=46,a[min]:a[2]=11

---------------2---------------
 a[max]:a[3]=46,a[min]:a[2]=11
```

图 9.15　最大值与最小值程序执行

（3）数组元素的引用方法：一是将循环变量 i 作为数组下标逐个引用，二是通过指针变量 pa 的移动逐个引用。

Prog42.2

```
#include "stdio.h"
int main()
{
    int a[5],i,f,t,j,cn,cnn;
    a[0]=46;a[1]=32;a[2]=23;a[3]=19;a[4]=11;
    printf("---------------0（起泡法排序:升序）--------------\n ");
    i=0;
    while(i<5)
    {
        printf("%d\t",a[i]);
```

```
        i++;
    }
    printf("\n");
    i=1;f=1;cn=0;
    printf("--------------1（起泡法排序:升序）-------------\n ");
    while(f&&i<5)
    {
        f=0;cnn=0;
        j=0;
        while(j<5-i)
        {
            if(a[j]>a[j+1])
            {
                t=a[j];a[j]=a[j+1];a[j+1]=t;
                f=1; cnn++;
            }
            j++;
        }
        printf("%d(f=%d):",i,f);
        j=0;
        while(j<=5-i)
        {
            printf("%d\t",a[j]);
            j++;
        }
        printf("cnn:%d\n",cnn);
        cn=cn+cnn;
        i++;
    }
    printf("cn:%d\n",cn);
    a[0]=23;a[1]=19;a[2]=11;a[3]=46;a[4]=32;
    printf("--------------00（起泡法排序:升序）-------------\n ");
    i=0;
    while(i<5)
    {
        printf("%d\t",a[i]);
        i++;
    }
    printf("\n");
    i=1;f=1;cn=0;
    printf("--------------11（起泡法排序:升序）-------------\n ");
    while(f&&i<5)
    {
```

```
        f=0;cnn=0;
        j=0;
        while(j<5−i)
        {
            if(a[j]>a[j+1])
            {
                t=a[j];a[j]=a[j+1];a[j+1]=t;
                f=1;cnn++;
            }
            j++;
        }
        printf("%d(f=%d):",i,f);
        j=0;
        while(j<=5−i)
        {
            printf("%d\t",a[j]);
            j++;
        }
        printf("cnn:%d\n",cnn);
        cn=cn+cnn;
        i++;
    }
    printf("cn:%d\n",cn);
    return 0;
}
```

注释：

（1）数据序列排序（升序或降序），本案例采用的方法是"起泡法"，其思想是"多遍多次比较与交换"，比较相邻数据（a[j]与a[j+1]比较），每一遍的比较次数比上一遍的比较次数少一次，每一遍通过比较和交换把最大的数据移动到当前遍数据序列的"尾部"，理论上 n 个数据至多比较 $n-1$ 遍。

定义 int a[5],i,f,t,j,cn,cnn;，变量 i 在排序中是"外循环"变量，控制排序执行的"遍数"；变量 j 在排序中是"内循环"变量，控制每一遍的比较次数；变量 cnn 记录当前遍交换的次数；变量 cn 记录排序交换的总次数；变量 f 记录当前遍是否已经有序了，初值为 1，表示当前遍开始前"可能"没有排好序。在当前遍开始后，变量 f 的值设置为 0，表示当前遍"也许"有序了。在当前遍相邻数据比较时，如果出现相邻数据需要交换，则变量 f 的值重新设置为 1，表示当前遍的上一遍是没有排好序的。如果当前遍执行结束（"内循环"退出）后变量 f 的值还为 0，则当前遍在数据比较时没有出现过数据需要交换，即当前遍的上一遍数据已经排好序了，排序不要再进行下去（"外循环"退出）。

（2）执行 a[0]=46;a[1]=32;a[2]=23;a[3]=19;a[4]=11;及 i=1;f=1;cn=0;，"外循环"的控制条件是 f&&i<5，变量 f 和变量 i 均为循环变量。由变量 f 控制当前遍是否可做了，如果 f

的值为 0，数据序列已经排好序了，当前遍就可以不做了；如果 f 的值为 1，数据序列可能还没有排好序，当前遍是否可做由条件 i<5 控制。如果表达式 i<5 的值为 1，数据序列可能还没有排好序且还没有进行到 5-1 遍，则当前遍还要继续；如果表达式 i<5 的值为 0，则排序已经进行到 5-1 遍，数据序列已经排序完成。执行 f=0;cnn=0;j=0;，"内循环"的控制条件是 j<5-i，变量 j 是循环变量，随着"外循环"的循环变量 i 增加，"外循环"每执行 1 次，"内循环"的循环次数都相应减少 1，因为当前遍已经将当前序列数的极值交换到尾部，下一遍不需要考虑此数据参与排序。

输出（如图 9.16 所示）：

```
1(f=1):32    23    19    11    46    cnn:4
2(f=1):23    19    11    32    cnn:3
3(f=1):19    11    23    cnn:2
4(f=1):11    19    cnn:1
cn:10
```

当 i=1 时，交换进行了 4 次（cnn:4），最大的数 46 从 a[0]处交换到 a[4]处，执行结束后 f=1，数据序列可能没有排好序，还要进行下一遍。当 i=2 时，交换进行了 3 次（cnn:3），"内循环"循环次数是 3（循环变量 j 从 0 到 2），最大的数 32 从 a[0]处交换到 a[3]处，执行结束后 f=1，数据序列可能没有排好序，还要进行下一遍。当 i=3 时，交换进行了 2 次（cnn:2），"内循环"循环次数是 2（循环变量 j 从 0 到 1），最大的数 23 从 a[0]处交换到 a[2]处，执行结束后 f=1，数据序列可能没有排好序，还要进行下一遍。当 i=4 时，交换进行了 1 次（cnn:2），"内循环"循环次数是 1（循环变量 j 从 0 到 0），最大的数 19 从 a[0]处交换到 a[1]处，执行结束后 f=1，但"外循环"的执行次数已经达到了 4 次（5-1），数据序列排序已经完成。数据序列在排序完成后采集到的交换总次数为 10（4+3+2+1），这是"起泡法排序"最坏情况下的交换次数。

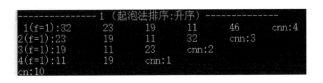

图 9.16　"起泡法排序"最坏情况下的交换次数

11（起泡法排序：升序）程序的输出（如图 9.17 所示）：

```
1(f=1):19    11    23    32    46    cnn:3
2(f=1):11    19    23    32    cnn:1
3(f=0):11    19    23    cnn:0
cn:4
```

当 i=1 时，交换进行了 3 次（cnn:3），最大的数 46 从 a[3]处交换到 a[4]处，执行结束后 f=1，数据序列可能没有排好序，还要进行下一遍。当 i=2 时，交换进行了 1 次（cnn:1），a[0]和 a[1]发生了交换，最大的数 32 当前遍执行前就在 a[3]处，执行结束后 f=1，数据序列可能没有排好序，还要进行下一遍。当 i=3 时，交换进行了 0 次（cnn:0），执行结束后 f=0，数据序列在执行当前遍之前已经排好序，不需要再进行下一遍了。这次数据序列在排序完成后采集到的交换总次数为 4（3+1+0）。

图 9.17 "起泡法排序" f=0 的控制执行

（3）排序算法非常丰富，常见的还有选择排序、插值排序、快速排序、堆排序、希尔排序等。无论是哪种排序算法，最终都要形成稳定的有序数据序列，基本操作是数据交换，因此，排序算法的性能由算法产生的交换次数决定，衡量的标准有最优交换次数、平均交换次数和最坏交换次数。如果数据规模为 n，则"起泡法排序算法"的最坏交换次数为 $n(n-1)/2$，属于 n^2 阶。

Prog42.3

```
#include "stdio.h"
int main()
{
    int a[10]={23,19,34,42,11,28,59,72},i,d,t,*pa;
    printf("--------------0-------------\n ");
    i=0;
    while(i<10)
    {
        printf("%d\t",a[i]);
        i++;
    }
    printf("\n");
    d=5;
    t=104;
    printf("--------------1-------------\n ");
    i=10-1;
    while(i>d)
    {
        a[i]=a[i-1];
        i--;
    }
    a[d]=t;
    i=0;
    while(i<10)
    {
        printf("%d\t",a[i]);
```

```
        i++;
    }
    printf("\n");
    d=5;
    t=9;
    pa=a+10-1;
    printf("--------------2-------------\n ");
    while(pa-a>d)
    {
        a[pa-a]=a[pa-a-1];
        pa--;
    }
    a[d]=t;
    i=0;
    while(i<10)
    {
        printf("%d\t",a[i]);
        i++;
    }
    printf("\n");
    return 0;
}
```

注释：

（1）在数据序列指定位置"插入"一个数据，定义 int a[10]={23,19,34,42,11,28, 59,72},i,d,t,*pa;。其中，变量 d 记录"插入"数据的位置；变量 t 记录要"插入"的数据；指针变量 pa 用于引用数组元素。算法：主要操作是"移动"，"移动"数据的位置从数据序列的高地址顺次向低地址进行，直至变量 d 记录"插入"数据的位置，然后将变量 t 记录的数据写入 a[d]存储单元中。

（2）执行 d=5;t=104;，将变量 t 记录的数据 104 写入 a[5]存储单元中（d=5）。执行 i=10-1;while(i>d) { a[i]=a[i-1];i--; },循环变量 i 从数组 a 最高位置 10-1 开始，每执行一次循环语句 a[i]=a[i-1];，都实现 a[i-1]的值覆盖 a[i]的值。当 i>d 的值为 0 时，循环结束，此时 a[9]=a[8]，a[8]=a[7]，a[7]=a[6]，a[6]=a[5]，最后执行 a[d]=t;。输出：23　19　34　42　11　104　28　59　72　0。变量 t 的值写入原来值为 28（a[5]）的位置，现位于 11（a[4]）和 28（a[6]）之间，如图 9.18 所示。

图 9.18　下标控制"插入"的执行

执行 d=5;t=9;，将变量 t 记录的数据 9 写入 a[5]存储单元中（d=5），执行 pa=a+10-1;

while(pa−a>d)　{a[pa−a]=a[pa−a−1]; pa−−;}，循环变量 pa 是指向数组 a 的指针变量，指针变量 pa 从数组 a 中的高地址元素向低地址元素移动，实现数组元素从低地址向高地址"移动"（a[pa−a]=a[pa−a−1];）。当 pa−a>d 的值为 0 时，循环结束，此时 a[9]=a[8]，a[8]=a[7]，a[7]=a[6]，a[6]=a[5]，最后执行 a[d]=t;。输出：23　19　34　42　11　9　104　28　59　72，变量 t 的值写入原来值为 104（a[5]）的位置，现位于 11（a[4]）和 104（a[6]）之间，如图 9.19 所示。此算法是通过指针 pa 的移动来实现的。

图 9.19　指针控制"插入"的执行

（3）类似问题还有删除、查找等，此种算法的性能由移动次数决定。本案例中，变量 d 决定移动次数，变量 d 的取值范围是 1 到 $n+1$，对应的移动次数是 n 到 0 次，性能可以用平均移动次数表示为 $(n+1)n/2$，属于 n^2 阶。

Prog42.4

```c
#include "stdio.h"
int main()
{
    int a[10]={1},k,j;
    printf("--------------------------------------0--------------------------------------\n ");
    j=0;
    while(j<10)
    {
        printf("%d:%d\t",j,a[j]);
        j++;
    }
    printf("\n");
    printf("---------------------------------杨辉三角---------------------------------\n ");
    k=1;
    while(k<=10)
    {
        printf("%d：",k-1);
        j=0;
        while(j<=10+3*10-3*k)
        {
            printf(" ");
            j++;
        }
        j=0;
```

```
        while(j<k)
        {
            printf("%6d",a[j]);
            j++;
        }
        printf("\n");
        j=k;
        while(j>=1)
        {
            a[j]=a[j]+a[j-1];
            j--;
        }
        k++;
    }
    return 0;
}
```

注释：

（1）"杨辉三角"，求$(x+y)^n$。当 $n=0$ 时，称为 0 阶，定义为 1。当 $n=1$ 时，称为 1 阶，系数为 1、1，表示$(x+y)^1$。当 $n=2$ 时，称为 2 阶，系数为 1、2、1，表示$(x+y)^2$，展开式为 $x^2+2xy+y^2$。当 $n=k$（$k\geqslant0$ 且 $k\leqslant n$）时，称为 k 阶，系数为 $1,2,\cdots,C_n^k C_n^{n-k},\cdots,2,1$，表示$(x+y)^k$。

定义 int a[10]={1},k,j，初始化为 0 阶，a[0]的值为 1，其他元素的值均为 0。变量 k 对应的是阶数，即"外循环"循环变量；变量 j 对应各阶的项号，即"内循环"循环变量。

（2）执行 k=1; 及"外循环"while(k<=10)　{…k++;}，执行 j=k; 及"内循环"while(j>=1) {a[j]=a[j]+a[j-1]; j--;}。当 k=1 时，求出 a[1]的值为 1（a[1]=a[1]+a[0]）；……；当 k=10 时，求出 a[10]到 a[1]的值分别为 1、9、36、84、126、126、84、36、9、1，求解顺序是从数组元素的高地址到低地址。输出如图 9.20 所示。

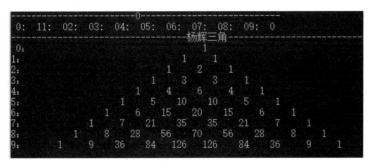

图 9.20　"杨辉三角"的执行与输出

（3）$n=k$ 和 $n=k+1$ 阶各项系数之间的联系：$k+1$ 阶 j 项=k 阶 j 项+ k 阶 $j-1$ 项（$j\geqslant1$），$k+1$ 阶的 0 项初始化为 1。

Prog42.5

```c
#include "stdio.h"
int main()
{
    int a[10]={1,1},k,*pa;
    printf("------------------------0-------------------------\n ");
    pa=a;
    while(pa-a<2)
    {
        printf("%6d",*pa);
        pa++;
    }
    printf("\n");
    printf("----------------------------Fibonacci sequence----------------------------\n ");
    k=2;
    while(k<10)
    {
        pa=a+k;
        *pa=*(pa-2)+*(pa-1);
        pa=a;
        while(pa-a<=k)
        {
            printf("%6d",*pa);
            pa++;
        }
        k++;
        printf("\n");

    }
    return 0;
}
```

注释:

（1）斐波那契数列，定义 int a[10]={1,1},k,*pa;，初始化 a[10]={1,1}，a[0]的值为 1，a[1]的值为 1。变量 k 表示 k 阶下的"繁殖"情况，指针变量 pa 实现 k 阶"繁殖"数据处理。

（2）执行 pa=a+k; *pa=*(pa−2)+*(pa−1);，指针变量 pa 是 a[k]的指针（k>=2），求出 k 阶"繁殖"的数目，当 k=2 时，*pa（a[2]）的值是 2；……；当 k=9 时，*pa（a[9]）的值是 55。输出如图 9.21 所示。

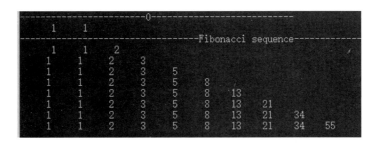

图 9.21　斐波那契数列的执行与输出

（3）斐波那契数列用数组描述能"记住"1～n 项中的每一项，数据处理方式灵活，有较强的记忆功能。

案例 43：多维数组与指针

Prog43.1

```
int main()
{
    int a[2][3];
    a[0][0]=13;a[0][1]=23;a[0][2]=36;
    a[1][0]=19;a[1][1]=45;a[1][2]=27;
    printf("0 \n");
    printf("a=%x\n",a);
    printf("&a[0]=%x\tsize(a[0])=%d\ta[0]=%x\n",&a[0],sizeof(a[0]),a[0]);
    printf("&a[1]=%x\tsize(a[1])=%d\ta[1]=%x\n",&a[1],sizeof(a[1]),a[1]);
    printf("1 \n");
    printf("a=%x\ta+0=%x\t&a[0]=%x\n",a,a+0,&a[0]);
    printf("a=%x\ta+1=%x\t&a[1]=%x\n",a,a+1,&a[1]);
    printf("2 \n");
    printf("a[0]=%x\n",a[0]);
    printf("&a[0][0]=%x\tsize(a[0][0])=%d\ta[0][0]=%d\n",&a[0][0],sizeof(a[0][0]),a[0][0]);
    printf("&a[0][1]=%x\tsize(a[0][1])=%d\ta[0][1]=%d\n",&a[0][1],sizeof(a[0][1]),a[0][1]);
    printf("&a[0][2]=%x\tsize(a[0][2])=%d\ta[0][2]=%d\n",&a[0][2],sizeof(a[0][2]),a[0][2]);
    printf("a[1]=%x\n",a[1]);
    printf("&a[1][0]=%x\tsize(a[1][0])=%d\ta[1][0]=%d\n",&a[1][0],sizeof(a[1][0]),a[1][0]);
    printf("&a[1][1]=%x\tsize(a[1][1])=%d\ta[1][1]=%d\n",&a[1][1],sizeof(a[1][1]),a[1][1]);
    printf("&a[1][2]=%x\tsize(a[1][2])=%d\ta[1][2]=%d\n",&a[1][2],sizeof(a[1][2]),a[1][2]);
    return 0;
}
```

注释：

（1）定义 int a[2][3];，标识符 a 称为数组名，数组 a 逻辑上是"二维数组"。定义数组 a 的类型为其第一维下标（[2]），其物理上是"一维数组"，数组 a 的元素类型（属性）为"数组类型"。数组 a 的元素 a[0]、a[1]，a[0]是数组类型（每个元素为 int，属性单元为基本类型），其元素为 a[0][0]、a[0][1]、a[0][2]；a[1]是数组类型，其元素为 a[1][0]、a[1][1]、a[1][2]。

（2）执行 printf("a=%x\n",a);printf("&a[0]=%x\tsize(a[0])=%d\ta[0]=%x\n",&a[0],sizeof(a[0]),a[0]);printf("&a[1]=%x\tsize(a[1])=%x\ta[1]=%d\n",&a[1],sizeof(a[1]),a[1]);，输出（如图 9.22 所示）：

```
a=60fee8
&a[0]=60fee8  size(a[0])=12  a[0]=60fee8
&a[1]=60fef4  size(a[1])=12  a[1]=60fef4
```

数组名 a 的值为&a[0]，数组 a 的元素 a[0]、a[1]的尺寸为 12（3 个 int 型单元尺寸，3*4），&a[1]与&a[0]的值相差 12。数组名 a 的值与 a[0]的值相同，但属性类型不同，a[0]的属性类型为 int。同理，&a[1]的值与 a[1]的值相同，但属性类型不同，&a[1]的属性类型为属性类型 int 的数组，a[1]的属性类型为 int。

执行 printf("a=%x\ta+0=%x\t&a[0]=%x\n",a,a+0,&a[0]);printf("a=%x\ta+1=%x\t&a[1]=%x\n",a,a+1,&a[1]);，输出（如图 9.22 所示）：

```
a=60fee8  a+0=60fee8  &a[0]=60fee8
a=60fee8  a+1=60fef4  &a[1]=60fef4
```

数组名 a、表达式 a+0、表达式&a[0]的含义相同，均表示&a[0]；表达式 a+1、表达式&a[1]的含义相同，均表示&a[1]。&a[0]与&a[1]均表示属性类型为 int [3]的地址。

执行 printf("a[0]=%x\n",a[0]);printf("&a[0][0]=%x\tsize(a[0][0])=%d\ta[0][0]=%d\n",&a[0][0],sizeof(a[0][0]),a[0][0]);printf("&a[0][1]=%x\tsize(a[0][1])=%d\ta[0][1]=%d\n",&a[0][1],sizeof(a[0][1]),a[0][1]);printf("&a[0][2]=%x\tsize(a[0][2])=%d\ta[0][2]=%d\n",&a[0][2],sizeof(a[0][2]),a[0][2]);，输出（如图 9.22 所示）：

```
a[0]=60fee8
&a[0][0]=60fee8 size(a[0][0])=4 a[0][0]=13
&a[0][1]=60feec size(a[0][1])=4 a[0][1]=23
&a[0][2]=60fef0 size(a[0][2])=4 a[0][2]=36
```

a[0]与&a[0][0]的含义相同（属性类型为 int），表示&a[0][0]，代表数组元素为 a[0][0]、a[0][1]、a[0][2]的数组名。&a[0][0]、&a[0][1]、&a[0][2]属性类型均为 int，尺寸为 4。

同理，执行 printf("a[1]=%x\n",a[1]);printf("&a[1][0]=%x\tsize(a[1][0])=%d\ta[1][0]=%d\n",&a[1][0],sizeof(a[1][0]),a[1][0]);printf("&a[1][1]=%x\tsize(a[1][1])=%d\ta[1][1]=%d\n",&a[1][1],sizeof(a[1][1]),a[1][1]);printf("&a[1][2]=%x\tsize(a[1][2])=%d\ta[1][2]=%d\n",&a[1][2],sizeof(a[1][2]),a[1][2]);，输出（如图 9.22 所示）：

```
a[1]=60fef4
&a[1][0]=60fef4 size(a[1][0])=4 a[1][0]=19
```

&a[1][1]=60fef8 size(a[1][1])=4 a[1][1]=45
&a[1][2]=60fefc size(a[1][2])=4 a[1][2]=27

a[1]与&a[1][0]的含义相同（属性类型为 int），表示&a[1][0]，代表数组元素为 a[1][0]、a[1][1]、a[1][2]的数组名。&a[1][0]、&a[1][1]、&a[1][2]属性类型均为 int，尺寸为 4。

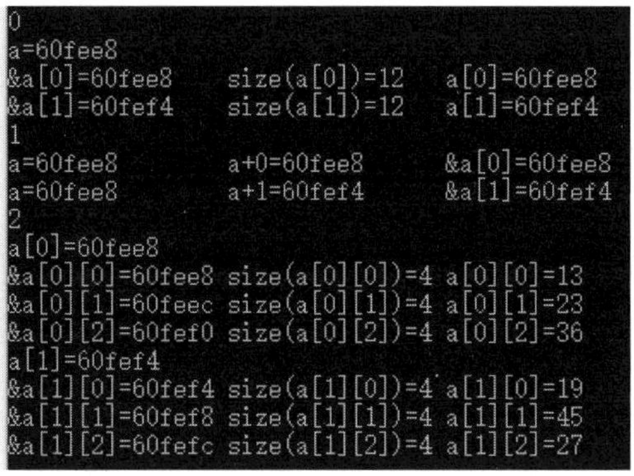

图 9.22　多维数组的含义

（3）二维数组可看成"一维数组的一维数组"，多维数组的处理目标是多维一维化。例如，二维数组的数组名 a 表示 a[0]、a[1]的一维数组，数组名 a[0]表示 a[0][0]、a[0][1]、a[0][2]的一维数组，a[1]表示 a[1][0]、a[1][1]、a[1][2]的一维数组。

为了表述方便，下面将二维数组的第一维下标称为"行"下标，第二维下标称为"列"下标。

Prog43.2

```
#include "stdio.h"
int main()
{
    int a[2][3],(*ppa)[3],*pa;
    a[0][0]=13;a[0][1]=23;a[0][2]=36;
    a[1][0]=19;a[1][1]=45;a[1][2]=27;
    printf("0 \n");
    ppa=a;
    printf("a=%x    ppa=%x\n",a,ppa);
    printf("&a[0]=%x    &ppa[0]=%x\n",&a[0],&ppa[0]);
    ppa++;
    printf("a=%x    a+1=%x    ppa=%x\n",a,a+1,ppa);
    printf("1 \n");
    ppa=a;
    pa=a[0];
    printf("a=%x    ppa=%x    pa=%x\n",a,ppa,pa);
    printf("a[0]=%x    pa=%x    &a[0][0]=%x\n",a[0],pa,&a[0][0]);
```

```
        pa++;
        printf("pa++:a[0]=%x    pa=%x      &a[0][1]=%x\n",a[0],pa,&a[0][1]);
        pa++;
        printf("pa++:a[0]=%x    pa=%x      &a[0][2]=%x\n",a[0],pa,&a[0][2]);
        pa++;

        ppa++;
        printf("ppa++:a=%x    a+1=%x    ppa=%x   pa=%x\n",a,a+1,ppa,pa);
        printf("a[1]=%x    pa=%x      &a[1][0]=%x\n",a[1],pa,&a[1][0]);
        pa++;
        printf("pa++:a[1]=%x    pa=%x      &a[1][1]=%x\n",a[1],pa,&a[1][1]);
        pa++;
        printf("pa++:a[1]=%x    pa=%x      &a[1][2]=%x\n",a[1],pa,&a[1][2]);
        return 0;
    }
```

注释：

（1）定义 int a[2][3],(*ppa)[3],*pa;，指针变量 ppa 的属性类型与二维数组 a 的类型一致（int [3]），ppa 存储单元的值表示 3 个 int 型存储单元的地址。指针变量 pa 属性类型为 int，pa 存储单元的值表示基本类型 int 型存储单元的地址。

（2）执行 ppa=a;printf("a=%x   ppa=%x\n",a,ppa);printf("&a[0]=%x   &ppa[0]=%x\n",&a[0],&ppa[0]);ppa++;printf("a=%x   a+1=%x   ppa=%x\n",a,a+1,ppa);，输出（如图 9.23 所示）：

```
a=60fee0  ppa=60fee0
&a[0]=60fee0  &ppa[0]=60fee0
a=60fee0  a+1=60feec  ppa=60feec
```

指针变量 ppa 是二维数组 a 的指针，ppa++运算后 ppa 移动 int [3]单元的尺寸（12 个字节）。

执行 printf("1 \n");及其下的语句，输出（如图 9.23 所示）：

```
1
a=60fee0  ppa=60fee0  pa=60fee0
a[0]=60fee0  pa=60fee0  &a[0][0]=60fee0
pa++:a[0]=60fee0  pa=60fee4  &a[0][1]=60fee4
pa++:a[0]=60fee0  pa=60fee8  &a[0][2]=60fee8
ppa++:a=60fee0  a+1=60feec  ppa=60feec  pa=60feec
a[1]=60feec  pa=60feec  &a[1][0]=60feec
pa++:a[1]=60feec  pa=60fef0  &a[1][1]=60fef0
pa++:a[1]=60feec  pa=60fef4  &a[1][2]=60fef4
```

指针变量 pa 与 a[0]、a[1]的属性类型（int）相同，执行 pa++移动的是一个 int 型存储单元，pa++执行 3 次移动的尺寸与 ppa++执行 1 次移动的尺寸相同。当 ppa=a 时，指针变量 ppa 代表&a[0]，指针变量 ppa++运算后 ppa 代表&a[1]（a+1）。当 pa=a[0]时，指针变量 pa 代表&a[0][0]；执行第一次 pa++后，指针变量 pa 代表&a[0][1]；执行第二次 pa++后，指针变量 pa 代表&a[0][2]；执行第三次 pa++后，指针变量 pa 代表&a[1][0]；执行第四次 pa++

后，指针变量 pa 代表&a[1][1]；执行第五次 pa++后，指针变量 pa 代表&a[1][2]。

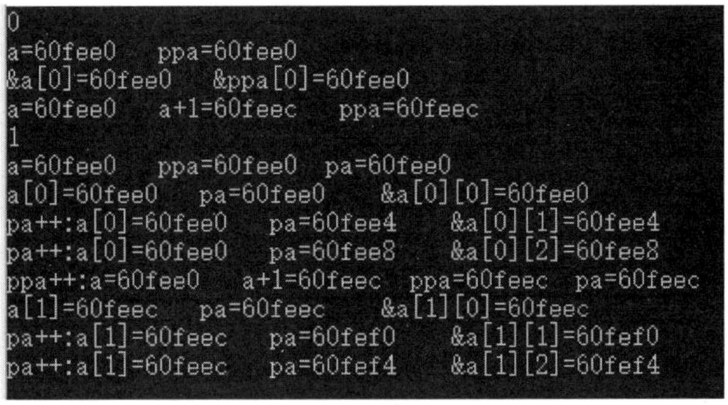

图 9.23　多维数组与指针

（3）存储单元的分配：&a[0][0]（60fee0）、&a[0][1]（60fee8）、&a[0][2]（60feec）、&a[1][0]（60fef0）、&a[1][1]（60fef4）、&a[1][2]（60fef8）。&a[0][2]（60feec）和&a[1][0]（60fef0）的地址相邻，这种分配形式称为"行主序"分配。

Prog43.3

```c
#include "stdio.h"
int main()
{
    int a[2][3],(*ppa)[3],*pa,i,j,d;
    a[0][0]=13;a[0][1]=23;a[0][2]=36;
    a[1][0]=19;a[1][1]=45;a[1][2]=27;
    printf("--------------------0--------------------\n ");
    i=0;
    while(i<2)
    {
        j=0;
        while(j<3)
        {
            printf("a[%d][%d]=%d\t",i,j,a[i][j]);
            j++;
        }
        printf("\n");
        i++;
    }
    printf("-----------------10(ppa++)------------------\n ");
    ppa=a;
    while(ppa−a<2)
    {
```

```
        j=0;
        while(j<3)
        {
            printf("a[%d][%d]=%d\t",ppa−a,j,a[ppa−a][j]);
            j++;
        }
        printf("\n");
        ppa++;
    }
    printf("-----------------11(ppa++)------------------\n ");
    ppa=a;
    while(ppa−a<2)
    {
        j=0;
        while(j<3)
        {
            printf("a[%d][%d]=%d\t",ppa−a,j,(*ppa)[j]);
            j++;
        }
        printf("\n");
        ppa++;
    }
    printf("-----------------20(pa++)------------------\n ");
    pa=a[0];
    while(pa−a[0]<2*3)
    {
        printf("a[%d][%d]=%d\t",(pa−a[0])/3,(pa−a[0])%3,a[(pa−a[0])/3][(pa−a[0])%3]);
        pa++;
        if((pa−a[0])%3==0)
            printf("\n");
    }
    printf("-----------------21(pa++)------------------\n ");
    pa=a[0];
    while(pa−a[0]<2*3)
    {
        printf("a[%d][%d]=%d\t",(pa−a[0])/3,(pa−a[0])%3,*pa);
        pa++;
        if((pa−a[0])%3==0)
            printf("\n");
    }
    printf("-----------------3(pa[i])------------------\n ");
    pa=a[0];
    d=0;
```

```
    while(d<2*3)
    {
        printf("a[%d][%d]=%d   pa[%d]=%d\n",d/3,d%3,a[d/3][d%3],d,pa[d]);
        d++;
    }
    return 0;
}
```

注释：

（1）状态 0，二维数组元素通过循环变量 i 嵌套循环变量 j 引用数组元素 a[i][j]。状态 10，二维数组元素通过循环变量 ppa 构造的表达式 ppa-a 嵌套循环变量 j 引用数组元素 a[i][j]，其中，下标 i 用 ppa-a 表示，a[i][j]表示成 a[ppa-a][j]。状态 11，a[i][j]表示成(*ppa)[j]，循环变量 ppa 控制的循环执行第一次(*ppa)的运算结果是 a[0]，ppa++运算后，循环执行第二次(*ppa)的运算结果是 a[1]。

状态 20，二维数组元素通过循环变量 pa 构造的表达式 pa-a[0]引用数组元素 a[i][j]，指针变量 pa 的属性类型是 int，pa++使指针变量 pa 的移动单位是一个 int 型单元。引用数组元素 a[i][j]不要有嵌套的循环结构，其中，下标 i 用(pa-a[0])/3 表示，下标 j 用(pa-a[0])%3 表示。a[(pa-a[0])/3][(pa-a[0])%3]表示 a[i][j]，当然也可以表示为*pa（状态 21）。

状态 3，二维数组元素通过循环变量 d 引用数组元素 a[i][j]，一维数组 pa[d]引用二维数组元素 a[i][j]，其中，下标 i 用 d/3 表示，下标 j 用 d%3 表示。输出如图 9.24 所示。

（2）二维数组 a[N][M]，指针变量 ppa 执行 ppa++后，通过*ppa 可以依次引用 a[0]，…，a[N-1]。指针变量 pa 执行 pa++后可以通过表达式*pa 依次引用 a[0][0]，…，a[0][M-1]，…，a[N-1][0]，…，a[N-1][M-1]，pa++使指针变量 pa 的移动单位是一个 int 型单元。指针变量 pa 可以用 pa[d]依次引用 a[0][0]，…，a[0][M-1]，…，a[N-1][0]…，a[N-1][M-1]，其中，d=i*M+j。

图 9.24　多维数组一维化引用的过程与执行

Prog43.4

```
#include "stdio.h"
int main()
{
    int a[2][3],i,j;
    a[0][0]=13;a[0][1]=23;a[0][2]=36;
    a[1][0]=19;a[1][1]=45;a[1][2]=27;
    printf("--------------------0--------------------\n ");
    i=0;
    while(i<2)
    {
        printf("a+%d:%x    &a[%d]:%x\n",i,a+i,i,&a[i]);
        i++;
    }
    printf("--------------------1--------------------\n ");
    i=0;
    while(i<2)
    {
        printf("a[%d]:%x    &a[%d][0]:%x    *(a+%d)=%x\n",i,a[i],i,&a[i][0],i,*(a+i));
        j=0;
        while(j<3)
        {
            printf("a[%d]+%d:%x    &a[%d][%d]:%x    *(a+%d)+%d=%x\n",i,j,a[i]+j,i,j,&a[i][j],i,j,*(a+i)+j);
            j++;
        }
        i++;
    }
    printf("--------------------2--------------------\n ");
    i=0;
    while(i<2)
    {
        j=0;
        while(j<3)
        {
            printf("a[%d][%d]:%d    (*(a+%d))[%d]:%d    *(a[%d]+%d):%d    *(*(a+%d)+%d):%d\n",i,j,
            a[i][j],i,j,(*(a+i))[j],i,j,*(a[i]+j),i,j,*(*(a+i)+j));
            j++;
        }
        i++;
    }
    return 0;
}
```

注释:

(1) 二维数组 a[][],数组名 a 表示&a[0],a+1 表示&a[1]。a[0]表示&a[0][0],a[1]表示

&a[1][0]，a[0]+1 表示&a[0][1]，a[0]+2 表示&a[0][2]，a[1]+1 表示&a[1][1]，a[1]+2 表示&a[2][2]。数组元素引用时有 a[i][j]，表达式形式为 a[i][j]、(*(a+i))[j]、*(a[i]+j)、*(*(a+i)+j)。a[i]表示&a[i][0]，其等价于表达式*(a+i)；a[i] +j 表示&a[i][j]，其等价于表达式*(a+i) +j。

（2）执行状态 0，输出（如图 9.25 所示）：

a+0:60fee0　&a[0]:60fee0

a+1:60feec　&a[1]: 60feec

a+0⇔&a[0]，a+1⇔&a[1]，a+0 与 a+1 相隔字节数为 3*4（60feec−60fee0=12）。

执行状态 1，输出（如图 9.25 所示）：

a[0]:60fee0　　&a[0][0]:60fee0　*(a+0)=60fee0

a[0]+0:60fee0　&a[0][0]:60fee0　*(a+0)+0=60fee0

…

a[1]:60feec　　&a[1][0]:60feec　*(a+1)=60feec

a[1]+0:60feec　&a[1][0]:60feec　*(a+1)+0=60feec

…

a[1]+2:60fef4　&a[1][2]:60fef4　*(a+1)+2=60fef4

a[0]⇔&a[0][0]⇔*(a+0)⇔a[0]+0⇔*(a+0)+0，……，a[1]⇔&a[1][0]⇔*(a+1)⇔a[1]+0⇔*(a+1)+0，……，a[1]+2⇔&a[1][2]⇔*(a+1) +2⇔a[1]+2⇔*(a+1)+2。

执行状态 2，输出（如图 9.25 所示）：

a[0][0]:13　(*(a+0))[0]:13　*(a[0]+0):13　*(*(a+0)+0):13

…

a[1][2]:27　(*(a+1))[2]:27　*(a[1]+2):27　*(*(a+1)+2):27

a[0][0]⇔(*(a+0))[0]⇔*(a[0]+0)⇔*(*(a+0)+0)，……，a[1][2]⇔(*(a+1))[2]⇔*(a[1]+2)⇔*(*(a+1)+2)。

（3）数组下标引用的运算符是"复合运算符"，[ ]⇔*(+)。例如，a[i]⇔*(a+i)，a[i][j]⇔(*(a+i))[j]⇔*(a[i]+j)⇔*(*(a+i)+j)。

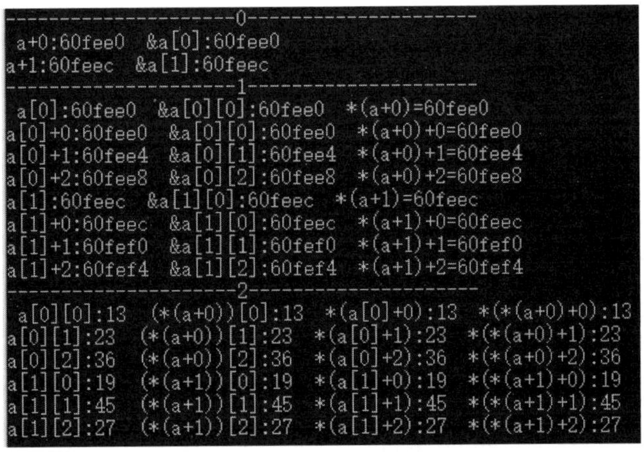

图 9.25　多维数组下标与指针引用

Prog43.5

```
#include "stdio.h"
int main()
{
    int a[2][2][2],i,j,k,*pa,d;
    a[0][0][0]=13;a[0][0][1]=23;
    a[0][1][0]=36;a[0][1][1]=19;
    a[1][0][0]=47;a[1][0][1]=11;
    a[1][1][0]=29;a[1][1][1]=38;
    printf("--------------------0--------------------\n ");
    i=0;
    while(i<2)
    {
        j=0;
        while(j<2)
        {
            k=0;
            while(k<2)
            {
                printf("a[%d][%d][%d]:%d\t",i,j,k,a[i][j][k]);
                k++;
            }
            printf("\n");
            j++;
        }
        i++;
    }
    printf("--------------------1--------------------\n ");
    pa=&a[0][0][0];
    d=0;
    while(d<2*2*2)
    {
        printf("a[%d][%d][%d]:%d\t",d/2/2,d/2%2,d%2,pa[d]);
        d++;
        if(d%2==0)
            printf("\n");
    }
    return 0;
}
```

注释：

（1）int a[2][2][2]定义了一个三维数组 a，其物理形式可看成"一维数组的一维数组的一维数组"，数组 a 的元素为 a[0]、a[1]，数组名 a 代表&a[0]，属性类型为 int [2][2]。a[0]
代表&a[0][0]，其元素有 a[0][0]、a[0][1]；a[1]代表&a[1][0]，其元素有 a[1][0]、a[1][1]，属
性类型为 int [2]。a[0][0]代表&a[0][0][0]，其元素有 a[0][0][0]、a[0][0][1]；a[0][1]代表
&a[0][1][0]，其元素有 a[0][1][0]、a[0][1][1]；a[1][0]代表&a[1][0][0]，其元素有 a[1][0][0]、
a[1][0][1]；a[1][1]代表&a[1][1][0]，其元素有 a[1][1][0]、a[1][1][1]，属性类型为 int [2]。

三维数组一维化 pa[d]，a[i][j][k]中，i=d/2/2，j=d/2%2，k=d%2，d=(i*2+j)*2+k。

（2）执行状态 0，三维数组元素通过循环变量 i 嵌套循环变量 j、循环变量 j 嵌套循环
变量 k 来引用数组元素 a[i][j][k]。执行状态 1，三维数组元素通过循环变量 d 引用数组元素
a[i][j][k]，一维数组 pa[d]引用二维数组元素 a[i][j]，其中，i 用 d/2/2 表示，j 用 d/2%2 表示，
k 用 d%2 表示。输出如图 9.26 所示。

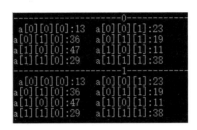

图 9.26　多维数组引用

（3）多维数组 a[N_1][N_2]…[N_n]，数组 a 是 n 维的，指针变量 pa 的属性类型是基于基
本类型的，即 pa=&a[i_1][i_2]…[i_n]（$i_1=i_2=…=i_n=0$），一维数组 pa[d]引用 n 维数组元素
a[i_1][i_2]…[i_n]，i_k 中 $k \geq 1$ 且 $k \leq n$，变量 d 的取值范围是 0 到 $N_1*N_2*…*N_n-1$，$i_k=d/N_n/…/N_{k+1}\%N_k$，$d=((i_1*N_2+i_2)…)*N_n+i_n$。

案例 44：多维数组解决经典问题

Prog44.1

```c
#include "stdio.h"
int main()
{
    int a[4][4],i,j,*pa[4],t;
    a[0][0]=13;a[0][1]=23;a[0][2]=45;a[0][3]=36;
    a[1][0]=73;a[1][1]=18;a[1][2]=61;a[1][3]=54;
    a[2][0]=37;a[2][1]=95;a[2][2]=25;a[2][3]=41;
    a[3][0]=42;a[3][1]=58;a[3][2]=29;a[3][3]=83;
    pa[0]=a[0];pa[1]=a[1];pa[2]=a[2];pa[3]=a[3];
    printf("--------------------0--------------------\n ");
```

```
        i=0;
        while(i<4)
        {
            j=0;
            while(j<4)
            {
                if(a[i][j]>*pa[i])
                    pa[i]=a[i]+j;
                j++;
            }
            i++;
        }
        i=0;
        while(i<4)
        {
            j=0;
            while(j<4)
            {
                printf("a[%d][%d]=%d\t",i,j,a[i][j]);
                j++;
            }
            printf("-->max:*pa[%d]=%d,j=%d\n",i,*pa[i],pa[i]-a[i]);
            i++;
        }
        printf("--------------------1--------------------\n ");
        t=0;
        i=0;
        while(i<4)
        {
            if(*pa[i]>*pa[t])
                t=i;
            i++;
        }
        printf("max:a[%d][%d],*pa[%d]-->%d\n",t,pa[t]-a[t],t,*pa[t]);
        return 0;
}
```

注释：

（1）定义 int a[4][4],i,j,*pa[4],t;，求数组 a[4][4]中 a[0]到 a[3]每个数组中元素的最大值及 a[4][4]所有数据中的最大值，要求给出最大值在数组中的位置。指针数组 pa[4]中的元素 pa[0]到 pa[3]分别用于记录 a[0]到 a[3]每个数组中最大值元素的指针，变量 t 记录 pa[0]到 pa[3] 四个指针中代表 a[4][4]所有数据中最大值的指针 pa[t]。

（2）执行状态 0，"外循环"（循环变量为 i）每次执行"内循环"（循环变量为 j）都求出 a[i]数组中元素的最大值，并用 pa[i]记录该元素的地址，a[i]数组中元素的最大值所在的"列"（第 2 维）下标为 pa[i]–a[i]，则 a[i]数组中最大值所在的元素为 a[i][pa[i]–a[i]]。当 i=0 时，输出：a[0][0]=13　a[0][1]=23　a[0][2]=45　a[0][3]=36　　-->max:*pa[0]=45,j=2。a[0]数组元素 a[0][0]、a[0][1]、a[0][2]、a[0][3]中最大值 a[0][2]的单元指针为 pa[0]，j=pa[0]–a[0]=2。当 i=1,2,3 时，分别求出 a[1]数组元素中最大值 a[1][0]的单元指针 pa[1]，a[2]数组元素中最大值 a[2][1]的单元指针 pa[2]，a[3]数组元素中最大值 a[3][3]的单元指针 pa[3]。

执行状态 1，数组 a[4][4]所有数据中的最大值是指针数组 pa 的元素 pa[0]到 pa[3]指针指向的一个单元。执行完 i 循环后，pa[t]指针指向的单元就是数组 a[4][4]所有数据中的最大值所在的元素，其"行"下标是 t，"列"下标是 pa[t]– a[t]。输出：max:a[2][1],*pa[2]-->95，如图 9.27 所示。t=2，pa[t]– a[t]=1，数组 a[4][4]所有数据中的最大值所在的元素是 a[2][1]。

图 9.27　多维数组最大值的执行

（3）指针数组 pa 的元素 pa[i]是 a[i]数组中元素的最大值 a[i][j]的指针，通过下标 i 记录了指针 pa[i]指向的最大值 a[i][j]单元的"行"号，pa[i]–a[i]运算得出 j，指针引用灵活，效率高。

Prog44.2

```
#include "stdio.h"
int main()
{
    int a[4][4],i,j,*pa[4],t;
    a[0][0]=25;a[0][1]=23;a[0][2]=45;a[0][3]=36;
    a[1][0]=73;a[1][1]=18;a[1][2]=61;a[1][3]=54;
    a[2][0]=37;a[2][1]=95;a[2][2]=13;a[2][3]=41;
    a[3][0]=42;a[3][1]=58;a[3][2]=29;a[3][3]=83;
    pa[0]=&a[0][0];pa[1]=&a[0][1];pa[2]=&a[0][2];pa[3]=&a[0][3];
    printf("--------------------0--------------------\n ");
    j=0;
    while(j<4)
    {
        i=0;
        while(i<4)
        {
            if(a[i][j]<*pa[j])
```

```
                    pa[j]=a[i]+j;
            i++;
        }
        j++;
    }
    i=0;
    while(i<4)
    {
        j=0;
        while(j<4)
        {
            printf("a[%d][%d]=%d\t",i,j,a[i][j]);
            j++;
        }
        printf("\n");
        i++;
    }
    printf("-->min:\n");
    j=0;
    while(j<4)
    {
        printf("*pa[%d]=%d,i=%d\t",j,*pa[j],(pa[j]-a[0])/4);
        j++;
    }
    printf("\n");
    printf("--------------------1--------------------\n ");
    t=0;
    j=0;
    while(j<4)
    {
        if(*pa[j]<*pa[t])
            t=j;
        j++;
    }
    printf("min:a[%d][%d],*pa[%d]-->%d\n",(pa[t]-a[0])/4,t,t,*pa[t]);
    return 0;
}
```

注释：

（1）求数组 a[4][4]每一列元素中的最小值，例如，a[0][2]=45；a[1][2]=61；a[2][2]=13；a[3][2]=29;，j 列的最小值为 a[2][2]=13，要求给出最小值在数组中的位置。指针数组 pa[4]中的元素 pa[0]到 pa[3]分别用于记录列号 j 从 0 到 3 每列元素中的最小值的指针，变量 t 记录 pa[0]到 pa[3]四个指针中代表 a[4][4]所有数据中最大值的指针 pa[t]。

（2）执行 pa[0]=&a[0][0];pa[1]=&a[0][1];pa[2]=&a[0][2];pa[3]=&a[0][3];，pa[0]初值是"行"号 i=0、"列"号 j=0 的元素的 a[0][0]，pa[1]初值是"行"号 i=0、"列"号 j=1 的元素的 a[0][1]，pa[2]初值是"行"号 i=0、"列"号 j=2 的元素的 a[0][2]，pa[3]初值是"行"号 i=0、"列"号 j=3 的元素的 a[0][3]。

执行状态 0，"外循环"（循环变量为 j）每次执行"内循环"（循环变量为 i）都求出 a[4][4]数组中 j 列元素的最小值，并用 pa[j]记录该元素的地址，a[4][4]数组中 j 列元素的最小值所在的"行"（第 1 维）下标为(pa[j]−a[0])/4，则 a[4][4]数组中 j 列元素的最小值所在的元素为 a[i][(pa[j]−a[0])/4]。当 j=0 时，输出：*pa[0]=25,i=0。a[4][4]数组中 j=0 列元素 a[0][0]、a[1][0]、a[2][0]、a[3][0]中最小值所在的单元是 a[0][0]，pa[0]是 a[0][0]单元的指针，i=(pa[j]−a[0])/4=0。当 j=1,2,3 时，分别求出 a[4][4]数组中 1 列元素的最小值为 a[1][1]，i=(pa[1]−a[0])/4=1,pa[1]是单元指针 a[1][1];a[4][4]数组中 2 列元素的最小值为 a[2][2],pa[2]是单元指针 a[2][2]，i=(pa[2]−a[0])/4=2；a[4][4]数组中 3 列元素的最小值为 a[0][3]，pa[3]是单元指针 a[0][3]，i=(pa[3]−a[0])/4=0。

执行状态 1，输出：min:a[2][2],*pa[2]-->13。执行完 j 循环后，pa[t]指针指向的单元是数组 a[4][4]所有数据中的最小值，其"列"下标是 t，"行"下标是(pa[t]−a[0])/4，数组 a[4][4]所有数据中的最小值是 a[2][2]，如图 9.28 所示。

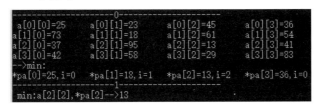

图 9.28　多维数组最小值的执行

（3）指针数组 pa 中的元素 pa[j]是 a[4][4]数组中 j 列元素的最小值 a[i][j]的指针，通过下标 j 记录了指针单元 pa[j]指向的最小值 a[i][j]单元"列"号，(pa[t]−a[0])/4 运算得出 i。

Prog44.3

```
#include "stdio.h"
int main()
{
    int a[4][4],i,j,*pa[4],t,*pb[4];
    a[0][0]=13;a[0][1]=23;a[0][2]=75;a[0][3]=36;
    a[1][0]=43;a[1][1]=18;a[1][2]=61;a[1][3]=54;
    a[2][0]=37;a[2][1]=95;a[2][2]=85;a[2][3]=41;
    a[3][0]=42;a[3][1]=58;a[3][2]=79;a[3][3]=83;
    pa[0]=a[0];pa[1]=a[1];pa[2]=a[2];pa[3]=a[3];
    printf("--------------------------------0-------------------------------->max\n ");
```

```
i=0;
while(i<4)
{
    j=0;
    while(j<4)
    {
        if(a[i][j]>*pa[i])
            pa[i]=a[i]+j;
        j++;
    }
    i++;
}
i=0;
while(i<4)
{
    j=0;
    while(j<4)
    {
        printf("a[%d][%d]=%d\t",i,j,a[i][j]);
        j++;
    }
    printf("*pa[%d]=%d,j=%d\n",i,*pa[i],pa[i]−a[i]);
    i++;
}
pb[0]=&a[0][0];pb[1]=&a[0][1];pb[2]=&a[0][2];pb[3]=&a[0][3];
printf("-------------------------------1----------------------------->min\n ");
j=0;
while(j<4)
{
    i=0;
    while(i<4)
    {
        if(a[i][j]<*pb[j])
            pb[j]=a[i]+j;
        i++;
    }
    j++;
}
j=0;
while(j<4)
{
    printf("*pb[%d]=%d,i=%d\t",j,*pb[j],(pb[j]−a[0])/4);
    j++;
```

```
        }
        printf("\n-------------------鞍点--------------------\n ");
        i=0;
        while(i<4)
        {
            if((pb[pa[i]-a[i]]-a[0])/4==i)
                printf("鞍点:a[%d][%d]=%d\n",i,pa[i]-a[i],a[i][pa[i]-a[i]]);
            i++;
        }
        printf("\n");
        return 0;
}
```

注释：

（1）求数组 a[4][4]中的"鞍点"，要求数据的值在该"行"上最大，在该"列"上最小。指针数组 pa 的元素 pa[0]到 pa[3]分别记录数组 a 每"行"元素最大值的位置（最大值元素的指针），指针数组 pb 的元素 pb[0]到 pb[3]分别记录数组 a 每"列"元素最小值的位置（最大值元素的指针）。pa[i]记录的数组 a"行"下标 i 的最大值元素为 a[i][pa[i]-a[i]]，"鞍点"出现的条件是(pb[pa[i]-a[i]]-a[0])/4==i。

（2）执行状态 0，求出数组 a 各"行"的最大值元素，并用指针数组 pa 的相应元素记录其地址。执行状态 1，求出数组 a 各"列"的最小值元素，并用指针数组 pb 的相应元素记录其地址。

执行状态"鞍点"，指针数组 pa 的相应元素为参照物。当 i=0 时，pa[0]记录数组 a"行"下标 0，pa[0]-a[0]求出该"行"最大值元素"列"下标 j=2，数组 a 在该"列"最小值元素的指针为 pb[2]，pb[2]记录该"列"最小值元素的"行"下标 1（(pb[pa[2]-a[i]]-a[0])/4=1），本次执行所处理的数组 a 元素均不是"鞍点"。当 i=1 时，pa[1]记录数组 a"行"下标 1，pa[1]-a[1]求出该"行"最大值元素"列"下标 j=2，数组 a 在该"列"最小值元素的指针为 pb[2]，pb[2]记录该"列"最小值元素的"行"下标 1（(pb[pa[2]-a[i]]-a[0])/4=1），本次执行所处理的数组 a 元素 a[1][2]是"鞍点"。输出：鞍点:a[1][2]=61，如图 9.29 所示。当 i=2、i=3 时，执行所处理的数组 a 元素均不是"鞍点"。

图 9.29　"鞍点"程序设计与执行

（3）构建数据的"联系"，pa[i]-a[i]求出数组 a"行"下标 i 最大值元素所在的"列"，(pb[pa[i]-a[i]]-a[0])/4 求出数组 a"列"下标 pa[i]-a[i]最小值元素所在的"行"，指针数组 pb 参照表达式 pa[i]-a[i]与指针数组 pa 建立了"联系"。

Prog44.4

```c
#include "stdio.h"
int main()
{
    int a[5][5]={0},i,j,*pa[4],t,*pb[4];
    printf("-----------0-----------\n");
    i=0;
    while(i<5)
    {
        printf("     ");
        j=0;
        while(j<5)
        {
            printf("%3d",a[i][j]);
            j++;
        }
        printf("\n");
        i++;
    }
    printf("---------1(MAGIC)-------\n");
    t=1;
    a[0][5/2]=t;
    i=0;j=5/2;
    while(t<5*5)
    {
        t++;
        i=i-1;j=j+1;
        if(i<0)
            i=5-1;
        if(j>5-1)
            j=0;
        if(a[i][j]>0)
        {
            i=i+1;
            if(i>5-1)
                i=0;
            j=j-1;
            if(j<0)
                j=5-1;
            i=i+1;
            if(i>5-1)
```

```
                i=0;
        }
        a[i][j]=t;
    }
    i=0;
    while(i<5)
    {
        printf("    ");
        j=0;
        while(j<5)
        {
            printf("%3d",a[i][j]);
            j++;
        }
        printf("\n");
        i++;
    }
    return 0;
}
```

注释：

（1）"魔方"设计：奇数 n 阶矩阵，在矩阵中填写数字 $1\sim n^2$，特征是每"行"和、每"列"和、"主"对角线（i==j）和"次"对角线（i==n-j）和均相等。算法：a[0][n/2]=1。其他填写数字的方法是，基于当前 a[i][j]元素，a[i][j]填写的是变量 t，那么 t+1 将填写在"行"下标为 i=i-1（若越界则 i=n-1）、"列"下标为 j=j+1（若越界则 j=0）的单元。如果即将要填写数字单元的元素 a[i][j]大于 0，则该单元已经填写过数字了，就要重新计算 t+1 将填写在的单元。先将当前的"行"下标 i 和"列"下标 j 恢复到原始状态，恢复方案是，"行"下标 i=i+1，如果越界则 i=0；"列"下标 j=j-1，如果越界则 j=5-1，重新计算"行"下标 i=i+1，如果越界则 i=0。还有 a[i][j]=t。

（2）执行 printf("---------1(MAGIC)-------\n");下面的程序段，循环体中 if(i<0)处理"行"下标越界，if(j>5-1)处理"列"下标越界，if(a[i][j]>0)处理即将要填写数字的单元已经填写过数字了。输出如图 9.30 所示。

图 9.30 "魔方"程序设计与执行

（3）此程序依据上一个填写过数字的单元计算下一个要填写数字的单元，过程中有"回溯"。

案例45：字符数组与字符串

Prog45.1

```c
#include "stdio.h"
int main()
{
    char a1[20]={'H','e','l','l','o'};
    char a2[20]="Hello";
    int i;
    printf("----------------------------------0----------------------------------\n");
    i=0;
    while(i<20)
    {
        printf("a1[%d]:%c->%d\t",i,a1[i],a1[i]);
        i++;
        if(i%5==0)
            printf("\n");
    }
    printf("\n");
    printf("----------------------------------1----------------------------------\n");
    i=0;
    while(i<20)
    {
        printf("a2[%d]:%c->%d\t",i,a2[i],a2[i]);
        i++;
        if(i%5==0)
            printf("\n");
    }
    printf("----------------2----------------\n");
    printf("'\\0':%d\n",'\0');
    printf("a1:");
    i=0;
    while(a1[i]!='\0')
    {
        printf("%c",a1[i]);
        i++;
```

```
    }
    printf("\n");
    printf("a2:");
    i=0;
    while(a2[i]!='\0')
    {
        printf("%c",a2[i]);
        i++;
    }
    printf("\n");
    printf("----------------3------------------\n");
    printf("a1:%s\n",a1);
    printf("a2:%s\n",a2);
    printf("a1(puts):");
    puts(a1);
    printf("a2(puts):");
    puts(a2);
    return 0;
}
```

注释:

（1）定义 char a1[20]={'H','e','l','l','o'};char a2[20]="Hello";，数组 a1 用字符型数据集合初始化，数组 a2 用字符串初始化，每个数组均初始化前五个元素，其他元素自动初始化为'\0'（ASCII 码值: 0）。两个数组初始化效果相同，则"Hello"等价于{'H','e','l','l','o','\0'}，字符串用字符数组存储。

（2）执行状态 0，循环体语句 printf("a1[%d]:%c->%d\t",i,a1[i],a1[i]);。输出字符数组元素字符形式及其 ASCII 码值,输出：a1[0]:H->72　a1[1]:e->101　a1[2]:l->108　a1[3]:l->108 a1[4]:o->111 a1[5]: ->0 … a1[19]: ->0。a1[0]单元的值是字符常量'H'，ASCII 码值为 72；a1[1]单元的值是字符常量'e'，ASCII 码值为 101；a1[2]单元的值是字符常量'l'，ASCII 码值为 108；a1[3]单元的值是字符常量'l'，ASCII 码值为 108；a1[4]单元的值是字符常量'o',ASCII 码值为 111；a1[5]到 a1[19]单元的值是字符常量'\0'，ASCII 码值为 0。

执行状态 1，循环体语句 printf("a2[%d]:%c->%d\t",i,a2[i],a2[i]);。输出字符数组元素字符形式及其 ASCII 码值，输出：a2[0]:H->72　a2[1]:e->101　a2[2]:l->108　a2[3]:l->108 a2[4]:o->111 a2[5]: ->0 … a2[19]: ->0。a2[0]单元的值是字符常量'H'，ASCII 码值为 72；a2[1]单元的值是字符常量'e'，ASCII 码值为 101；a2[2]单元的值是字符常量'l'，ASCII 码值为 108；a2[3]单元的值是字符常量'l'，ASCII 码值为 108；a2[4]单元的值是字符常量'o',ASCII 码值为 111；a2[5]到 a2[19]单元的值是字符常量'\0'，ASCII 码值为 0。

执行状态 2，执行语句 printf("'\\0':%d\n",'\0');，输出：'\0':0。字符数组数据处理循环的条件为 a1[i]!='\0'，当 a1[i]的值为'\0'时，字符数组数据处理完成，此时得到的未必是数组中最高地址的单元。当 while(a1[i]!='\0')控制时，输出：a1:Hello，字符数组数据处理到 a1[4]，循环结束。同理,当 while(a2[i]!='\0')控制时,输出:a2:Hello,字符数组数据处理到 a2[4],循环结束。

执行状态 3,输出:a1:Hello a2:Hello a1(puts):Hello a2(puts):Hello,如图 9.31 所示。字符数组作为字符串存储时,其输出可采用状态 2,也可采用状态 3。

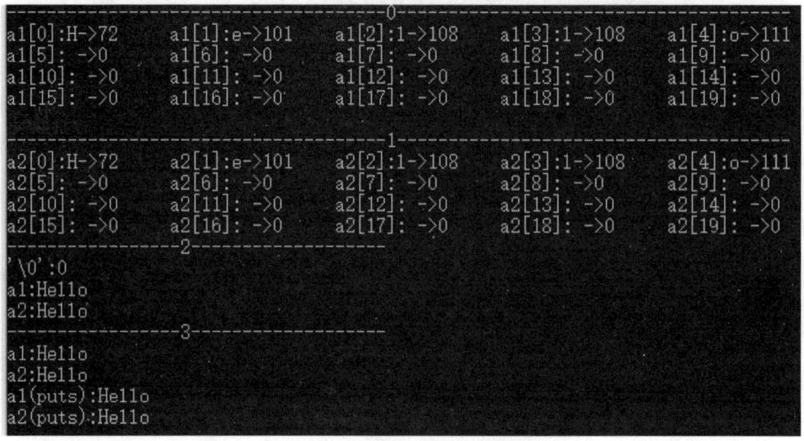

图 9.31 字符数组与字符串

(3)字符数组作为字符串存储时,输入方法是 scanf("%s",a)或 gets(a),其中,a 是字符数组名。

Prog45.2

```c
#include "stdio.h"
int main()
{
    char a1[20]="Hello",a2[20]="abcdefg",*pa,*pb,t;
    int i;
    printf("-----------------0----------------\n");
    pa=a1;
    printf("0:pa=%x,a1=%x    &a1[0]=%x\n",pa,a1,&a1[0]);
    pa="Hello";
    printf("1:pa=%x,a1=%x    Hello:%x\n",pa,a1,"Hello");
    printf("-----------------1----------------\n");
    pa=a2;
    i=0;
    while(*(pa+i))
    {
        printf("pa+%d:%s\n",i,pa+i);
```

```
            i++;
        }
        printf("-----------------2-----------------\n");
        printf("a2(0):%s\n",a2);
        pb=a2;
        i=0;
        while(*(pb+i))
            i++;
        pb=pb+i-1;
        while(pa<pb)
        {
            t=*pa;
            *pa=*pb;
            *pb=t;
            pa++;
            pb--;
        }
        printf("a2(1):%s\n",a2);
        return 0;
    }
```

注释：

（1）定义 char a1[20]="Hello",a2[20]="abcdefg",*pa,*pb,t;，指针变量 pa、pb 都指向字符数组的指针（可作为指向字符串的指针）。

（2）执行状态 0，pa=a1;，指针变量 pa 是数组 a1 的指针，执行 printf("0:pa=%x,a1=%x &a1[0]=%x\n",pa,a1,&a1[0]);，输出：0:pa=60fedf,a1=60fedf &a1[0]=60fedf，指针变量 pa 的值是数组 a1 元素 a1[0] 的地址。对 pa="Hello";，输出：1:pa=4030a3,a1=60fedf Hello:4030a3。"Hello"的值是'H'所在单元的地址（4030a3），但并不是&a1[0]（60fedf），虽然 a1[0]存储单元的值也是'H'。

执行状态 1，循环结构 while(*(pa+i))的循环变量是 i，循环体 printf("pa+%d:%s\n", i,pa+i);，%s 控制的输出对象是从 pa+i 位置开始的字符串。当 i=0 时，输出对象以 pa+0 作为字符串的开始位置，输出：pa+0:abcdefg。当 i=1 时，输出对象以 pa+1 作为字符串的开始位置，输出：pa+1:bcdefg。当 i=2 时，输出对象以 pa+2 作为字符串的开始位置，输出：pa+2:cdefg。当 i=3 时，输出对象以 pa+3 作为字符串的开始位置，输出：pa+3:defg。当 i=4 时，输出对象以 pa+4 作为字符串的开始位置，输出：pa+4:efg。当 i=5 时，输出对象以 pa+5 作为字符串的开始位置，输出：pa+5:fg。当 i=6 时，输出对象以 pa+6 作为字符串的开始位置，输出：pa+6:g。当 i=7 时，*(pa+i)的值为'\0'，循环结束。

执行状态 2，printf("a2(0):%s\n",a2);，字符数组 a2 存储数据 abcdefg，指针变量 pa 是字符数组 a2 的元素 a2[0]的指针，pb=pb+i–1;将指针变量 pb 移动到字符数组 a2 的元素值为非'\0'的最高地址单元 a2[6]。循环结构 while(pa<pb)实现字符数组 a2 低地址元素与高地址元素对应单元值交换，当指针变量 pa、pb 分别是字符数组 a2 元素 a2[0]、a2[6]的指针时，执行循环体实现 a2[0]与 a2[6]元素值交换；当指针变量 pa、pb 分别是字符数组 a2 元素 a2[1]、a2[5]的指针时，执行循环体实现 a2[1]与 a2[5]元素值交换；当指针变量 pa、pb 分别是字符数组 a2 元素 a2[2]、a2[4]的指针时，执行循环体实现 a2[2]与 a2[4]元素值交换；当指针变量 pa、pb 同时移动到字符数组 a2 元素 a2[3]时，pa<pb 的值为 0，循环结束，输出：a2(1):gfedcba，如图 9.32 所示。

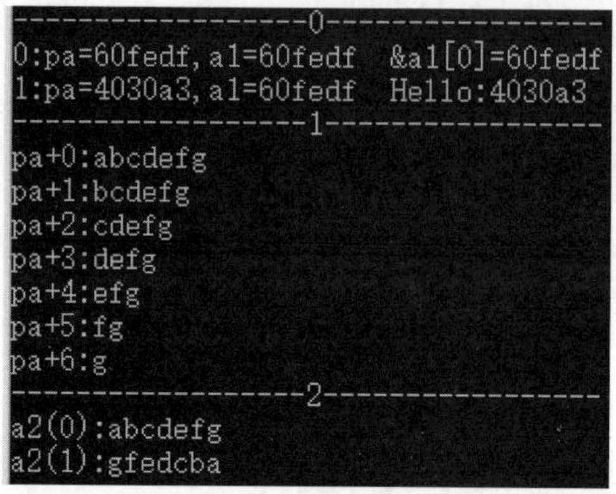

图 9.32　字符串指针的使用

（3）字符串可以整体输入/输出，但对字符串数据的处理仍然以"字符"为单位逐个进行。字符串结束的标志是'\0'，所以字符串处理的循环结构控制条件为字符数组元素!='\0'。字符串处理用指针更方便、灵活。

Prog45.3

```
#include "stdio.h"
int main()
{
    char a1[20]="bcbbac",a2[20]="bcbbac",*pi,*pj,*pk;
    int i,j,k;
    printf("----------------0----------------\n");
    printf("a1(0):%s\n",a1);
    i=0;
    while(a1[i]!='\0')
    {
        j=i+1;
        while(a1[j]!='\0')
```

```
        {
            if(a1[j]==a1[i])
            {
                k=j;
                while(a1[k]!='\0')
                {
                    a1[k]=a1[k+1];
                    k++;
                }
            }
            else
                j++;
        }
        i++;
    }
    printf("a1(1):%s\n",a1);
    printf("-----------------1-----------------\n");
    printf("a2(0):%s\n",a2);
    pi=a2;
    while(*pi)
    {
        pj=pi+1;
        while(*pj)
        {
            if(*pj==*pi)
            {
                pk=pj;
                while(*pk)
                {
                    *pk=*(pk+1);
                    pk++;
                }
            }
            else
                pj++;
        }
        pi++;
    }
    printf("a2(1):%s\n",a2);
    return 0;
}
```

注释：

（1）此算法可称为"ijk"算法，其思想是将一字符串中重复出现的字符仅保留一个，且字符在字符串中第一次出现的位置顺序仍保持原有顺序。例如，定义 char a1[20]="bcbbac"，经"ijk"算法处理后，字符数组中存储的字符串为"bca"，因为'b'在加工前的"bcbbac"中第一次出现的位置在'c'、'a'之前，'c'在加工前的"bcbbac"中第一次出现的位置在'a'之前。

（2）执行状态 0，变量 i 记录字符第一次在字符数组 a1 中出现的位置，变量 j 记录在字符数组 a1 中再次出现与变量 i 记录位置上字符相同的位置，变量 j 记录字符数组 a1 中数组元素 a1[j]的值要被"覆盖"。当 i=0 时，输出：a1(0):bcbbac，a1[0]的值是'b'，j 循环执行到 j=2 时，a1[2]的值是'b'，if(a1[2]==a1[0])中控制条件 a1[2]==a1[0]的值为 1，执行 k 循环，依次实现 a1[3]"覆盖"a1[2]，……，a1[6]"覆盖"a1[5]，a1[6]的值为'\0'，k 循环结束（从字符数组 a1 的 j+1 位置起，每个元素均向低地址移动了一个单元）。此时字符数组 a1 的 j 位置是移动前的 j+1 位置元素的值，当前 j 位置（j=2）控制条件 a1[2]==a1[0]的值还是 1，执行 k 循环，依次实现 a1[3]"覆盖"a1[2]，……，a1[5]"覆盖"a1[4]，a1[4]的值为'\0'，k 循环结束。此时，a1[2]单元的值是'a'，a1[2]==a1[0]的值是为 0，执行 j++;，a1[3]单元的值是'c'，a1[2]==a1[0]的值是为 0，执行 j++;，a1[4]单元的值是'\0'，j 循环结束。输出：a1(1):bcac，如图 9.33 所示。a1[1]的值是'c'，与 i=0 时相同，通过 j 循环依次找出与 a1[1]的值相同的字符，再通过 k 循环"覆盖"。

图 9.33 "ijk"算法的设计与执行

执行状态 1，指针变量 pi 作为字符第一次在字符数组 a2 中出现的元素的指针，指针变量 pj 寻找在字符数组 a2 中再次出现与指针变量 pi 指向的单元值相同的单元，指针变量 pk 实现字符数组 a2 中 pj+1 指向的单元依次"覆盖"pj 指向的单元，直至 pk 移动到*pk 为'\0'。pi 为 a2[0]的指针时，用指针变量 pj 寻找与 a2[0]相同的字符'b'，用指针变量 pk 的移动依次实现*(pk+1)"覆盖"*pk，直至*pk 为'\0'。当指针变量 pj 把所有的与 a2[0]相同的字符'b'均"覆盖"时，执行 pi++;。pi 为 a2[1]的指针时，a2[1]的值为'c'，用指针变量 pj 寻找字符数组 a2 中值为'c'的单元，用指针变量 pk 的移动"覆盖"此单元，指针变量 pj 把所有与 a2[0]相同的字符'b'均"覆盖"，执行 pi++;。pi 为 a2[2]的指针时，a2[2]的值为'2'，指针变量 pj 寻找字符数组 a2 中值为'a'的单元，执行 pi++;。当*pi 为'\0'时，pi 循环结束。

（3）"ijk"算法采用两种方法：下标法、指针法。

Prog45.4

```
#include "stdio.h"
int main()
{
    char a1[80],*pa;
    int a[26]={0},*p;
    printf("string:");
    gets(a1);
    printf("a1:");
    puts(a1);
    pa=a1;
    while(*pa!='\0')
    {
        if(*pa>='A'&&*pa<='Z')
            a[*pa-'A']++;
        if(*pa>='a'&&*pa<='z')
            a[*pa-'a']++;
        pa++;
    }
    p=a;
    while(p-a<26)
    {
        printf("%c(%c):%-3d",'A'+p-a,'a'+p-a,a[p-a]);
        p++;
        if((p-a)%6==0)
            printf("\n");
    }
    return 0;
}
```

注释：

（1）输入一字符串（长度小于 80），统计'A'或'a'出现的次数，统计结果存储到数组 a 单元 a[0]中；统计'B'或'b'出现的次数，统计结果存储到数组 a 单元 a[1]中；……；统计'Z'或'z'出现的次数，统计结果存储到数组 a 单元 a[25]中。统计方法：表达式*pa-'A'或*pa-'a'统计字符对应的数组 a 元素的下标，如果*pa 的值为'A'或'a'，则表达式*pa-'A'或*pa-'a'的值为 0，统计到 a[0]单元中；……；如果*pa 的值为'Z'或'z'，则表达式*pa-'A'或*pa-'a'的值为 25，统计到 a[25]单元中。

（2） gets(a1);输入字符串， while(*pa!='\0') 循环体中的 if(*pa>='A'&&*pa<='Z')、if(*pa>='a'&&*pa<='z') 分别实现相同英文字母的大写字符和小写字符统计到数组 a 的同一单元中，例如，'A'或'a'出现的次数均统计到 a[0]单元中，如图 9.34 所示。

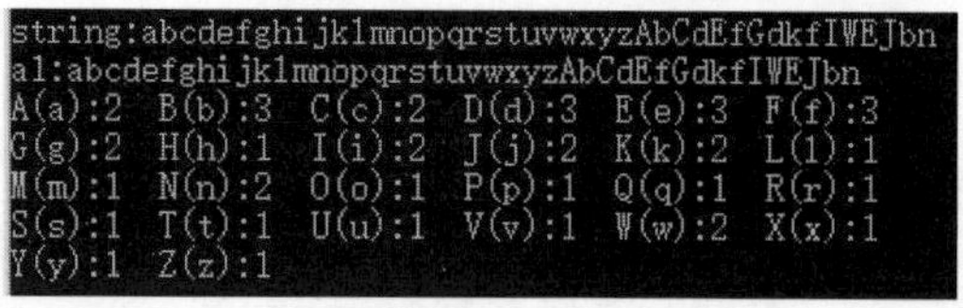

图 9.34 字符串的分类统计

（3）表达式*pa-'A'、*pa-'a'、p-a 将指针引用单元与数组 a 下标联系在一起。

案例 46：数组数据处理综合案例

Prog46.1

```c
#include "stdio.h"
int main()
{
    char an[3][20]={"zhang","wang","yang"},as[4][20]={"Comp","Math","Phys","Ideo"},(*pstr)[20];
    int a[3][4]={{80,76,74,91},{78,81,84,93},{92,88,77,95}},agg[3]={0},*ps[3],*pavc,*pi,*pj,*pt,**pp;
    int f[3]={0};
    double ave[4]={0},*pave,*pmax;
    pi=a[0];
    while((pi-a[0])<3*4)
    {
        agg[(pi-a[0])/4]=agg[(pi-a[0])/4]+*pi;
        ave[(pi-a[0])%4]=ave[(pi-a[0])%4]+*pi;
        pi++;
    }
    printf("-----------------0---------------\n");
    pp=ps;
    while((pp-ps)<3)
    {
        pj=agg;pt=pj;
        while(pj-agg<3)
        {
            if(!f[pj-agg]&&*pj>*pt)
                pt=pj;
            pj++;
        }
        f[pt-agg]=1;
        ps[pp-ps]=pt;
        printf("agg[%d]:%d\t*ps[%d]:%d\n",pp-ps,agg[pp-ps],pp-ps,*ps[pp-ps]);
```

```
        printf("&agg[%d]:%x\tps[%d]:%x\n",pp-ps,&agg[pp-ps],pp-ps,ps[pp-ps]);
        pp++;
    }
    pp=ps;
    while((pp-ps)<3)
    {
        printf("%d:%d\t",pp-ps,*ps[pp-ps]);
        pp++;
    }
    printf("\n----------------1---------------\n");
    pave=ave;
    pmax=ave;
    while(pave-ave<4)
    {
        ave[pave-ave]=ave[pave-ave]/3;
        if(ave[pave-ave]>*pmax)
            pmax=pave;
        printf("ave[%d]:%.2f\t&ave[%d]:%x\n",pave-ave,ave[pave-ave],pave-ave,&ave[pave-ave]);
        pave++;
    }
    printf("*pmax:%.2f\tpmax:%x\n",*pmax,pmax);
    printf("ave[%d]:%.2f\t&ave[%d]:%x\n",pmax-ave,ave[pmax-ave],pmax-ave,&ave[pmax-ave]);
    printf("\n-------------------------2------------------------\n");
    pstr=as;
    printf("\t\t");
    while(pstr-as<4)
    {
        printf("%s\t",as[pstr-as]);
        pstr++;
    }
    printf("Aggr\n");
    pstr=an;
    pi=a[0];
    pj=agg;
    while((pi-a[0])<3*4)
    {
        if((pi-a[0])%4==0)
        {
            printf("\t%s\t",*pstr);
            pstr++;
        }
        printf("%d\t",*pi);
        pi++;
```

```
        if((pi−a[0])%4==0)
        {
            printf("%d\n",*pj);
            pj++;
        }
    }
    printf("\tAver\t");
    pave=ave;
    while(pave−ave<4)
    {
        printf("%.2f\t",*pave);
        pave++;
    }
    printf("\n");
    printf("\n------------------------3------------------------\n");
    pstr=as;
    printf("\t\t");
    while(pstr−as<4)
    {
        printf("%s\t",as[pstr−as]);
        pstr++;
    }
    printf("Aggr\n");
    pj=agg;
    pp=ps;
    while((pp−ps)<3)
    {
        printf("\t%s\t",an[*pp−agg]);
        pi=a[*pp−agg];
        while(pi−a[*pp−agg]<4)
        {
            printf("%d\t",*pi);
            pi++;
        }
        printf("%d\n",agg[*pp−agg]);
        pp++;
    }
    printf("\tAver\t");
    pave=ave;
    while(pave−ave<4)
    {
        printf("%.2f\t",*pave);
        pave++;
```

```
        }
        printf("\n");
        return 0;
    }
```

注释:

（1）学生成绩分析系统，根据学生成绩单统计每位学生的成绩总分并排出名次，计算每门课程的平均分并输出平均分最高的课程。定义 char an[3][20]={"zhang","wang","yang"}，as[4][20]={"Comp","Math","Phys","Ideo"}，数组 an 存储分析表"行"标题，数组 as 存储分析表"列"标题。定义 int a[3][4]={{80,76,74,91},{78,81,84,93},{92,88,77,95}},agg[3]={0}，*ps[3]，数组 a 存储学生对应课程成绩，数组 agg 对应存储各位学生的成绩总分，指针数组 ps 按照学生成绩总分从高到低记录数组 agg 中元素的指针。定义 double ave[4]={0}，数组 ave 对应存储各门课程的平均分。定义 int f[3]={0}，数组 f 在分析学生成绩总分名次时记录名次是否确定，数组 f 对应元素值为 0，表示相应学生的名次没有确定；数组 f 对应元素值为 1，表示相应学生的名次已经确定。学生成绩如下表所示。

course ＼ name	zhang	wang	yang
Comp	80	78	92
Math	76	81	88
Phys	74	84	77
Ideo	91	93	95

（2）执行循环结构 while((pi−a[0])<3*4)，求学生成绩总分，表达式(pi−a[0])/4 的值存储为数组 agg 中元素的下标。当指针变量 pi 的值为 a[0]到 a[0]+3 时，(pi−a[0])/4 的值为 0，统计结果存储到 agg[0]单元中，即姓名为"Zhang"的学生四门课程的总分。当指针变量 pi 的值为 a[0]+4 到 a[0]+7 时，(pi−a[0])/4 的值为 1，统计结果存储到 agg[1]单元中，即姓名为"Wang"的学生四门课程的总分。当指针变量 pi 的值为 a[0]+8 到 a[0]+11 时，(pi−a[0])/4 的值为 2，统计结果存储到 agg[2]单元中，即姓名为"Yang"的学生四门课程的总分。该循环也求出了各课程的分数总和并累加到数组 ave 中，表达式(pi−a[0])%4 的值存储为数组 ave 中元素的下标。

执行状态 0，while((pi−agg)<3)循环结构分析每位学生所有课程的总分的名次，并将分析结果用指针数组 ps 记录。当 pp−ps=0 时，while(pj−agg<3)循环找出第一名在数组 agg 中的位置，并用指针变量 pt 记录该元素的地址，循环体 if(!f[pj−agg]&&*pj>*pt)中的表达式!f[pj−agg]用于判断 an[pj−agg]的学生名次是否确定，如果确定则 agg[pj−agg]总分的排名就"跳过"，循环执行结束，ps[0]=pt;，指针变量 pt 是数组 agg 中总分第一名元素的指针。当 pp−ps=1 时，while(pj−agg<3)循环找出第二名在数组 agg 中的位置，循环体 if(!f[pj−agg]&&*pj>*pt)通过表达式!f[pj−agg]将"跳过"第一名，循环执行结束，ps[1]=pt;，指针变量 pt 是数组 agg 中总分第二名元素的指针。当 pp−ps=2 时，while(pj−agg<3)循环找出第三名在数组 agg 中的位置，循环体 if(!f[pj−agg]&&*pj>*pt)通过表达式!f[pj−agg]将"跳过"

第一、二名，循环执行结束，ps[2]=pt;，指针变量 pt 是数组 agg 中总分第三名元素的指针，如图 9.35 所示。

执行状态 1，while(pave-ave<4)循环求出各课程的平均分，if(ave[pave-ave]>*pmax)pmax=pave;对应求出已经出现的平均分最高分，指针变量 pmax 是存储平均分的数组 ave 中最高分所在单元的指针，如图 9.36 所示。

图 9.35　求总分和名次　　　　　　　　　图 9.36　求平均分及平均分最高分

执行状态 2，while(pstr-as<4)循环打印"表头"，输出：Comp　　Math　　Phys　　Ideo。while((pi-a[0])<3*4)循环打印相应行学生名字及各课程成绩，if((pi-a[0])%4==0) {printf("\t%s\t",*pstr);pstr++;}控制打印一个名字紧接着打印四个成绩，if((pi-a[0])%4==0) {printf("%d\n",*pj);pj++;}控制再打印一个总分。while(pave-ave<4)循环对应打印各课程平均分，如图 9.37 所示。

	Comp	Math	Phys	Ideo	Aggr
zhang	80	76	74	91	321
wang	78	81	84	93	336
yang	92	88	77	95	352
Aver	83.33	81.67	78.33	93.00	

图 9.37　打印原始数据表格

执行状态 3，while((pp-ps)<3) 循环：当 pp-ps=0 时，*pp 是总分第一名在数组 agg 中的元素指针，printf("\t%s\t",an[*pp-agg]); 打印第一名名字，while(pi-a[*pp-agg]<4) 循环打印第一名各课程成绩和总分。当 pp-ps=1 时，*pp 是总分第二名在数组 agg 中的元素指针，printf("\t%s\t",an[*pp-agg]); 打印第二名名字，while(pi-a[*pp-agg]<4) 循环打印第二名各课程成绩和总分。当 pp-ps=2 时，*pp 是总分第三名在数组 agg 中的元素指针，printf("\t%s\t",an[*pp-agg]); 打印第三名名字，while(pi-a[*pp-agg]<4) 循环打印第三名各课程成绩和总分。while(pave-ave<4)循环对应打印各课程平均分，如图 9.38 所示。

	Comp	Math	Phys	Ideo	Aggr
yang	92	88	77	95	352
wang	78	81	84	93	336
zhang	80	76	74	91	321
Aver	83.33	81.67	78.33	93.00	

图 9.38　按名次打印数据表格

（3）表达式*pp-agg 将数组 an、数组 agg 及数组 pp 联系起来。

探索

1. 用选择法将下列数据按"升序"排列。注：分别用指针与数组两种方法。

   23　78　65　24　89　61　9　38　72　19　46

2. 将下列数据按"升序"排列，并存储到相应的单元中。

   23　78　65　19

   24　89　61　46

   9　38　72　59

3. 求 234589674987548936274539 与 486234957485568684834948 的和。

案例 47：库函数调用

Prog47.1

```
#include "stdio.h"
#include "math.h"
int main()
{
    int a1,a2;
    double d1,d2,d3;
    a1=2;
    a2=3;
    d1=pow(a1,a2);
    d2=exp(a1);
    d3=sqrt(a2);
    printf("pow(%d,%d):%f,exp(%d):%f,sqrt(%d):%f\n",a1,a2,d1,a1,d2,a2,d3);
    return 0;
}
```

注释：

（1）系统将一些常用任务事先编制好并放入源程序文件中，程序员在程序设计时可以通过"包含"源文件途径直接调用这些"库函数"。调用"库函数"时需要注意"库函数"源程序文件、"库函数"标识、"库函数"参数（类型、个数）、"库函数"返回值和"库函数"功能。

（2）执行 d1=pow(a1,a2); d2=exp(a1); d3=sqrt(a2);，调用"库函数"pow(a1,a2)，这是一个幂函数，求 a1 的 a2 次幂；调用"库函数"exp(a1)，求 e 的 a1 次幂；调用"库函数"sqrt(a2)，求 $\sqrt{a2}$。这三个函数所在的源程序文件为 math.h，想正确使用这个源程序文件应在程序开头输入命令：#include "math.h"。

（3）对"库函数"，程序员的目的只有一个：调用。

Prog47.2

```
#include "stdio.h"
#include "string.h"
int main()
```

```
{
    char a1[20]="abcdefg",a2[20]="abcgf",a3[20]="";
    int len1,len2;
    printf("len(a1):%d,len(a2):%d\n",strlen(a1),strlen(a2));
    printf("0 a1:%s,a2:%s a3:%s\n",a1,a2,a3);
    printf("cmp(a1,a2):%d,cmp(a2,a1):%d,cmp(\"abc\",\"abc\"):%d\n",strcmp(a1,a2),strcmp(a2,a1),
    strcmp("abc","abc"));
    printf("cpy(a3,a1):a1(%s),a3(%s)   \n",a1,strcpy(a3,a1));
    printf("cpy(a3,a2):a2(%s),a3(%s)\n",a2,strcpy(a3,a2));
    printf("1 a1:%s,a2:%s a3:%s\n",a1,a2,a3);
    strcpy(a3,a1);
    strcpy(a1,a2);
    strcpy(a2,a3);
    printf("2 a1:%s,a2:%s a3:%s\n",a1,a2,a3);
    printf("cat(a1,a2):a1(%s),a2(%s)\n",strcat(a1,a2),a2);
    return 0;
}
```

注释：

（1）保存常用的字符串处理的"库函数"的源程序文件是 string.h。

（2）strlen(a1)用于求存储在数组 a1 中"abcdefg"的长度，返回值是一个整数；strlen(a2)用于求存储在数组 a2 中"abcgf"的长度。执行 printf("len(a1):%d,len(a2):%d\n",strlen(a1), strlen(a2));，输出：len(a1):7,len(a2):5。

strcmp(a1,a2) 用于对字符数组 a1 中"abcdefg"与字符数组 a2 中"abcgf"进行比较，比较的过程是对 a1[0]中存储的'a'与 a2[0]中存储的'a'比较 ASCII 码值，二者相等则继续比较 a1[1]中存储的'b'与 a2[1]中存储的'b'，二者相等则继续比较 a1[2]中存储的'c'与 a2[2]中存储的'c'，二者相等则继续比较 a1[3]中存储的'd'与 a2[3]中存储的'g'，二者不相等且'd'<'g'，strcmp(a1,a2)返回值为−1（表示数组 a1 中"abcdefg"<数组 a2 中"abcgf"）。strcmp(a2,a1) 返回值为 1（表示数组 a2 中"abcgf">数组 a1 中"abcdefg"），strcmp("abc","abc")返回值为 0（表示"abc"与"abc"相等）。执行 printf("cmp(a1,a2):%d,cmp(a2,a1):%d,cmp(\"abc\",\"abc\"): %d\n",strcmp(a1,a2), strcmp(a2,a1),strcmp("abc","abc"));，输出：cmp(a1,a2):−1,cmp(a2,a1):1, cmp("abc","abc"):0。

strcpy(a3,a1)用于将字符数组 a1 中"abcdefg"复制到字符数组 a3 中。执行 printf("0 a1:%s,a2:%s a3:%s\n",a1,a2,a3);，输出：0 a1:abcdefg,a2:abcgf a3:，字符数组 a3 中初始状态为"空"。执行 printf("cpy(a3,a1):a1(%s),a3(%s)\n",a1,strcpy(a3,a1));，输出：cpy(a3,a1): a1(abcdefg),a3(abcdefg)。strcpy(a3,a2)用于将字符数组 a2 中"abcgf"复制到字符数组 a3 中，原先字符数组 a3 中存储的字符串"abcdefg"被字符数组 a2 中"abcgf"覆盖。执行 printf("cpy(a3, a2):a2(%s),a3(%s)\n",a2,strcpy(a3,a2));，输出：cpy(a3,a2):a2(abcgf),a3(abcgf)。

执行 strcpy(a3,a1); strcpy(a1,a2); strcpy(a2,a3);，实现字符数组 a1 中"abcdefg"与字符数

组 a2 中"abcgf "交换。执行 printf("1 a1:%s,a2:%s a3:%s\n",a1,a2,a3);，输出：1 a1:abcdefg, a2:abcgf a3:abcgf; 执行 printf("2 a1:%s,a2:%s a3:%s\n",a1,a2,a3);，输出：2 a1:abcgf,a2:abcdefg a3:abcdefg。

strcat(a1,a2)用于将字符数组 a2 中"abcgf"连接到字符数组 a1 中"abcdefg"之后，执行 printf("cat(a1,a2):a1(%s),a2(%s)\n",strcat(a1,a2),a2);，输出：cat(a1,a2):a1(abcgfabcdefg),a2(abcdefg)，如图 10.1 所示。

```
len(a1):7,len(a2):5
0 a1:abcdefg,a2:abcgf a3:
cmp(a1,a2):-1,cmp(a2,a1):1,cmp("abc","abc"):0
cpy(a3,a1):a1(abcdefg),a3(abcdefg)
cpy(a3,a2):a2(abcgf),a3(abcgf)
1 a1:abcdefg,a2:abcgf a3:abcgf
2 a1:abcgf,a2:abcdefg a3:abcdefg
cat(a1,a2):a1(abcgfabcdefg),a2(abcdefg)
```

图 10.1 字符串处理函数

（3）字符与字符串处理的“库函数”非常多，使用时需要理解函数名、参数、功能、返回值。

案例 48：形参与实参

Prog48.1

```
#include "stdio.h"
int fun(int,int);
int main()
{
    int a1,a2,d;
    a1=2;
    a2=3;
    printf("&d(main):%x\n",&d);
    d=fun(a1,a2);
    printf("1 fun(a1,a2)=%d\n",d);
    d=fun(2,3);
    printf("2 fun(2,3)=%d\n",d);
    d=fun(2*3,3*4);
    printf("3 fun(2*3,3*4)=%d\n",d);
    d=fun(fun(2,3),fun(2*3,3*4));
    printf("4 fun(fun(2,3),fun(2*3,3*4))=%d\n",d);
```

```
        return 0;
    }
    int fun(int a,int b)
    {
        int d;
        printf("&d(fun):%x\n",&d);
        d=a+b;
        return d;
    }
```

注释：

（1）int fun(int a,int b)定义了一个函数，"函数名" fun 是 "标识符"，"函数名" fun 左边的 int 是函数返回值属性（执行调用时会分配一个存储单元），(int a,int b)中的变量 a 和变量 b 是 "形参列表"。此函数的功能是求变量 a 和变量 b 的和。

（2）主函数 main()调用 fun()，执行 d=fun(a1,a2);，(a1,a2)中的变量 a1 和变量 a2 是 "实参"，变量 a1 的值是 2，调用时传递给形参 a。变量 a2 的值是 3，调用时传递给形参 b。进入 fun()函数，执行 d=a+b;，求变量 a 和变量 b 的和，return d;返回值给赋予函数头部属性单元。fun(a1,a2)的值是 5，输出：1 fun(a1,a2)=5。主函数 main()中定义的变量 d 与函数 fun()中定义的变量 d 不是同一个变量，主函数 main()执行 printf("&d(main):%x\n",&d);，输出：&d(main):60fef4；函数 fun()执行 printf("&d(fun):%x\n",&d);，输出：&d(fun):60fecc，两个函数中变量 d 的地址不相同。

执行 d=fun(2,3);，(2,3)中的常量 2 和 3 是 "实参"，调用时 2 传递给形参 a，3 传递给形参 b。输出：2 fun(2,3)=5。执行 d=fun(2*3,3*4);，(2*3,3*4)中的表达式 2*3 和 3*4 是 "实参"，调用时表达式 2*3 的值 6 传递给形参 a，表达式 3*4 的值 12 传递给形参 b。输出：3 fun(2*3,3*4)=18。执行 d=fun(fun(2,3),fun(2*3,3*4));，(fun(2,3),fun(2*3,3*4))中的函数 fun(2,3)和 fun(2*3,3*4) 是"实参"，调用时函数 fun(2,3)的值 5 传递给形参 a，函数 fun(2*3,3*4) 的值 18 传递给形参 b。输出：4 fun(fun(2,3),fun(2*3,3*4))=23，如图 10.2 所示。

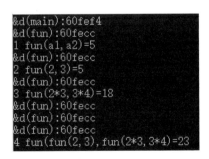

图 10.2　函数的形参与实参

（3）"形参"是函数头部参数列表中定义的变量，"实参"是调用函数调用被调用函数提供给形参的值，最常见的两者关系是 "单向值传递"（实参的值传递给形参）。形参的形式是变量，实参的形式是常量、变量、表达式、函数等表示"值"的形式。

每个函数都是一个独立的"模块"，"模块"之间在程序设计时是独立的，一个源程序文件可以定义若干函数，一个程序可以由若干源程序文件组成。不同函数之间相同变量名的变量不是同一个变量，其分配的存储单元地址也不同。

案例49：函数的返回值

Prog49.1

```c
#include "stdio.h"
int fun1();
int fun2();
int fun3();
void fun4();
int main()
{
    int d;
    d=fun1();
    printf("1 fun1:%d\n",d);
    d=fun2();
    printf("2 fun2:%d\n",d);
    d=fun3();
    printf("3 fun3:%d\n",d);
    fun4();
    printf("4 fun4:void\n");
    return 0;
}
int fun1()
{
    int a1;
    a1=2;
    printf("a1(%d)\n",a1);
    return a1;
}
int fun2()
{
    int a1,a2;
    a1=2;
    a2=3;
    printf("a1(%d)\n",a1);
```

```
        printf("a2(%d)\n",a2);
        return a1;
        return a2;
    }
    int fun3()
    {
        int a1,a2;
        a1=2;
        a2=3;
        printf("a1(%d)\n",a1);
        printf("a2(%d)\n",a2);
    }
    void fun4()
    {
        int a1,a2;
        a1=2;
        a2=3;
        printf("void\n");
    }
```

注释：

（1）函数定义 int fun1()、int fun2()、int fun3()，这三个函数的返回值由 int 型的属性单元传递到调用函数，函数体中的 return 表达式将表达式的值传递到函数头部的属性单元中。如果函数体中无 return 表达式，则被调用函数传递到调用函数中的值是属性单元中的"随机值"。函数定义 void fun4()，函数的返回值类型是 void，则函数 fun4()无属性单元，也无返回值。

（2）执行 d=fun1();，调用 fun1()，无参函数无实参和形参，没有参数传递。转向执行函数 fun1()中的 a1=2;printf("a1(%d)\n",a1);，输出：a1(2)。执行 return a1;，表达式 a1 的值 2 传递到函数头部的属性单元中，fun1()的值是 2。返回 d=fun1();，变量 d 的值是 2，执行 printf("1 fun1:%d\n",d);，输出：1 fun1:2。

执行 d=fun2();，调用 fun2()。转向执行函数 fun2()中的 a1=2; a2=3; printf("a1(%d)\n",a1); printf("a2(%d)\n",a2);，输出：a1(2) a2(3)。执行 return a1;，表达式 a1 的值 2 传递到函数头部的属性单元中，fun2()的值是 2（return a2; 没有机会再执行）。返回 d=fun2();，变量 d 的值是 2，执行 printf("2 fun2:%d\n",d);，输出：2 fun2:2。

执行 d=fun3();，调用 fun3()。转向执行函数 fun3()中的 a1=2; a2=3; printf("a1(%d)\n",a1); printf("a2(%d)\n",a2);，输出：a1(2) a2(3)。函数体中无 return 表达式，函数 fun3()属性单元中的值是"随机值"。返回 d=fun3();，变量 d 的值是"随机值"，执行 printf("3 fun3:%d\n",d);，输出：3 fun3:6。

执行主函数中的 fun4();，调用 fun4()。转向执行函数 fun4()中的 a1=2; a2=3;，函数的返回值类型是 void，则 fun4()无属性单元，不能像调用函数 fun1()到函数 fun3()那样给变量 d

赋值。执行 printf("4 fun4:void\n");，输出：4 fun4:void，如图 10.3 所示。

图 10.3　函数的返回值

（3）函数头部定义的返回值属性单元决定了返回值的特征，返回值类型为 void 的函数则无属性单元，也就无返回值。返回值类型不为 void 的函数则有属性单元，也就有返回值。返回值类型不为 void，但函数体中无 return 表达式，则返回"随机值"。返回值类型不为 void，但函数体中有多个 return 表达式，则返回函数体执行到的第一个 return 表达式，其他 return 表达式一概无机会执行。

案例 50：函数调用

Prog50.1

```
#include "stdio.h"
int main()
{
    int n;
    n=0;
    printf("------0-------\n");
    fun(n);
    printf("------1-------\n");
    fun(fun(n));
    printf("------2-------\n");
    fun(fun(fun(n)));
    return 0;
}
int fun(int n)
{
    printf("fun(%d)->n:%d\n",n,n);
    return n+1;
}
```

注释：

（1）函数调用：首先计算出实参的值，然后实参的值对应传递给形参，执行被调用函数的函数体，如果有 return 表达式则计算返回值到属性单元中，最后属性单元将返回值传递给调用函数。

（2）执行状态 0，fun(n);，实参 n 的值为 0，0 传递给形参 n，转向执行被调用函数 fun()，执行 printf("fun(%d)->n:%d\n",n,n);，输出：fun(0)->n:0。执行 return n+1;，返回值为 1。

执行状态 1，fun(fun(n));，实参为 fun(0)，计算实参 fun(0) 的值与执行状态 0 相同，返回值为 1，则实参 fun(0) 的值为 1。fun(fun(n)); 中的实参 fun(0) 的值为 1，1 传递给形参 n，转向执行被调用函数 fun()，执行 printf("fun(%d)->n:%d\n",n,n);，输出：fun(0)->n:0 fun(1)->n:1。执行 return n+1;，返回值为 2，其含义是这个过程中函数 fun() 被主函数 main() 调用了 2 次，如图 10.4 所示。

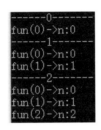

图 10.4　函数的调用

执行状态 2，fun(fun(fun(n)));，实参为 fun(fun(0))，计算实参 fun(fun(0)) 的值与执行状态 1 相同，返回值为 2，则实参 fun(fun(0)) 的值为 2。fun(fun(fun(n))); 中的实参 fun(fun(0)) 的值为 2，2 传递给形参 n，转向执行被调用函数 fun()，执行 printf("fun(%d)->n:%d\n",n,n);，输出：fun(0)->n:0　fun(1)->n:1　fun(2)->n:2。执行 return n+1;，返回值为 3，其含义是这个过程中函数 fun() 被主函数 main() 调用了 3 次。

（3）fun(fun(n));，调用函数先将 fun(n) 调用，返回值为实参，形参得到 fun(n) 后再执行 fun(fun(n));，其中的实参调用均由调用函数完成。

Prog50.2

```
#include "stdio.h"
void fun(int n);
void fun1(int n);
void fun2(int n);
void fun3(int n);
int main()
{
    int n;
    n=0;
```

```
        printf("------0-------\n");
        fun(n);
        return 0;
    }
    void fun(int n)
    {
        printf("fun(%d)->n:%d\n",n,n);
        printf("------1-------\n");
        n++;
        fun1(n);
    }
    void fun1(int n)
    {
        printf("fun1(%d)->n:%d\n",n,n);
        printf("------2-------\n");
        n++;
        fun2(n);
    }
    void fun2(int n)
    {
        printf("fun(%d)->n:%d\n",n,n);
        printf("------3-------\n");
        n++;
        fun3(n);
    }
    void fun3(int n)
    {
        printf("fun3(%d)->n:%d\n",n,n);
    }
```

注释：

（1）嵌套调用：主函数 main()调用 fun()，fun()调用 fun1()，fun1()调用 fun2()，fun2()调用 fun3()。

（2）主函数 main()调用 fun(n)，实参 n 的值为 0，转向执行 fun()中的 printf("fun(%d)->n:%d\n",n,n);，输出：fun(0)->n:0。函数 fun(n)调用 fun1(n)，实参 n 的值为 1，转向执行 fun1()中的 printf("fun1(%d)->n:%d\n",n,n);，输出：fun1(1)->n:1。函数 fun1(n)调用 fun2(n)，实参 n 的值为 2，转向执行 fun2()中的 printf("fun2(%d)->n:%d\n",n,n);，输出：fun(2)->n:2。函数 fun2(n)调用 fun3(n);，实参 n 的值为 3，转向执行 fun3()中的 printf("fun3(%d)->n:%d\n",n,n);，输出：fun3(3)->n:3，如图 10.5 所示。

图 10.5   函数的嵌套调用

（3）嵌套调用也是一种"纵"式调用，函数 fun()是函数 fun1()的调用函数，void fun(int n) 中的变量 n 是形参。fun()调用 fun1()时，fun1(n) 中的变量 n 是实参，这两处变量 n 是在同一存储单元中的。

案例 51：和与积

Prog51.1

```c
#include "stdio.h"
int fsum(int n);
int main()
{
    int n,s;
    n=5;
    printf("----(n:%d)----\n",n);
    s=fsum(n);
    printf("%d\n",s);
    n=10;
    printf("--------(n:%d)---------\n",n);
    s=fsum(n);
    printf("%d\n",s);
    n=15;
    printf("-------------------(n:%d)--------------\n",n);
    s=fsum(n);
    printf("%d\n",s);
    return 0;
}
int fsum(int n)
{
```

```
        int i,s;
        i=1;s=0;
        while(i<=n)
        {
            printf("%d+",i);
            s=s+i;
            i++;
        }
        printf("\b=");
        return s;
    }
```

注释：

（1）int fsum(int n)中，函数 fsum()的功能是求 1 到 *n* 的和，其中变量 n 是形参。

（2）主函数 main()调用 fsum(n)，执行 n=5;s=fsum(n);，实参 n 的值 5 传递给形参 n，转向执行函数 fsum()。函数 fsum()执行循环体 while(i<=n)，输出：1+2+3+4+5=。同时求出 1 到 5 的和并存储到变量 s 中，执行 return s;，将变量 s 的值传递到函数 fsum()返回属性单元，返回主函数 main()。执行 printf("%d\n",s);，输出：15。

执行 n=10;s=fsum(n);，实参 n 的值 10 传递给形参 n，转向执行函数 fsum()。函数 fsum()执行循环体 while(i<=n)，输出：1+2+3+4+5+6+7+8+9+10=。同时求出 1 到 10 的和并存储到变量 s 中，执行 return s;，将变量 s 的值传递到函数 fsum()返回属性单元，返回主函数 main()。执行 printf("%d\n",s);，输出：55。

执行 n=15;s=fsum(n);，实参 n 的值 15 传递给形参 n，转向执行函数 fsum()。函数 fsum()执行循环体 while(i<=n)，输出：1+2+3+4+5+6+7+8+9+10+11+12+13+14+15=。同时求出 1 到 15 的和并存储到变量 s 中，执行 return s;，将变量 s 的值传递到函数 fsum()返回属性单元，返回主函数 main()。执行 printf("%d\n",s);，输出：120，如图 10.6 所示。

```
--fsum(n:5)--
1+2+3+4+5=15
--------fsum(n:10)-------
1+2+3+4+5+6+7+8+9+10=55
-----------------fsum(n:15)-----------
1+2+3+4+5+6+7+8+9+10+11+12+13+14+15=120
```

图 10.6　函数的嵌套调用求和

（3）这是一种"横"式调用。n=5 时主函数 main()第一次调用 fsum(n)，转向执行函数 fsum()，调用结束后返回主函数 main()。n=10 时主函数 main()第二次调用 fsum(n)，转向执行函数 fsum()，调用结束后返回主函数 main()。n=15 时主函数 main()第三次调用 fsum(n)，转向执行函数 fsum()，调用结束后返回主函数 main()。

Prog51.2

```c
#include "stdio.h"
int fsum(int n);
int fn(int n);
int main()
{
    int n,s;
    n=5;
    printf("-----fsum(n:%d)-----\n",n);
    s=fsum(n);
    printf("%d\n",s);
    n=10;
    printf("-------------fsum(n:%d)--------------\n",n);
    s=fsum(n);
    printf("%d\n",s);
    return 0;
}
int fsum(int n)
{
    int i,s;
    i=1;s=0;
    while(i<=n)
    {
        printf("%d!+",i);
        s=s+fn(i);
        i++;
    }
    printf("\b=");
    return s;
}
int fn(int n)
{
    int i,t;
    i=1;t=1;
    while(i<=n)
    {
        t=t*i;
        i++;
    }
    return t;
}
```

注释：

（1）int fn(int n)中，函数 fn()的功能是求 *n*!。

（2）主函数 main()调用 fsum()，n=5 时执行 s=fsum(n);，转向执行 fsum()，形参 n 的值是 5，函数 fsum()中 while(i<=n)调用 fn(i)，变量 i 是实参。当 i=1 时，实参的值是 1，传递给 fn()形参 n，转向执行函数 fn()，求出 1!并存储到变量 t 中，函数调用结束后 return t;将通过返回值属性单元将 1!返回到 fsum()调用 fn()处。同样，当 i=2 到 5 时，实参的值分别是 2 到 5，传递给 fn()形参 n，逐次转向执行函数 fn()，分别求出 2!到 5!，函数调用结束后 return t;将通过返回值属性单元将 2! 到 5! 逐次返回到 fsum()调用 fn()处。输出：1!+2!+3!+4!+5!=153。1!+是 i=1 时调用 fn()之前执行 printf("%d!+",i);输出的，2!+到 5!+都是在当时调用 fn()之前执行 printf("%d!+",i);输出的。

n=10 时执行 s=fsum(n);，再次转向执行 fsum()，形参 n 的值是 10，函数 fsum()中 while(i<=n)调用 fn(i)，变量 i 是实参，其值从 1 变化到 10，依次求出 1!到 10!，输出：1!+2!+3!+4!+5!+6!+7!+8!+9!+10!=4037913，如图 10.7 所示。

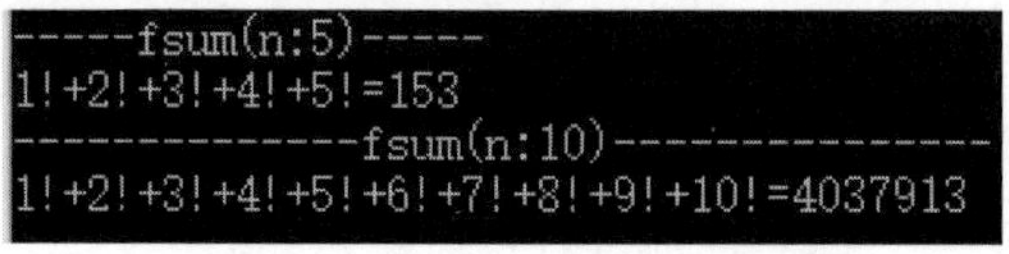

图 10.7　1!+2!+…+ *n*!的求解

（3）"纵""横"交错调用，可使复杂问题的解决清晰可控。

案例 52：递归调用

Prog52.1

```c
#include "stdio.h"
int fsum(int n);
int main()
{
    int n,s;
    n=5;
    printf("----fsum(n:%d)----\n",n);
    printf("递进:");
    fsum(n);
    printf("\n");
    return 0;
}
int fsum(int n)
```

```
{
    printf("%d->",n);
    if(n==1)
    {
        printf("\n 递回:%d",n);
    }
    else
    {
        fsum(n-1);
        printf("<-%d",n);
    }
}
```

注释：

（1）int fsum(int n)中，函数 fsum()函数体中执行 fsum(n-1);时，函数 fsum()调用函数 fsum()，这个过程称为"递归"。

（2）执行 printf("递进:");，输出：递进:。主函数 main()调用 fsum()，实参 n 的值是 5，传递给形参 n。转向执行 fsum()中的 printf("%d->",n);，输出：5->。if(n==1)的控制条件值为 0，执行 fsum(n-1);，函数 fsum()调用函数 fsum()，实参 n-1 的值是 4，传递给形参 n。第一次从函数 fsum()转向函数 fsum()，if(n==1)的控制条件值为 0，执行 printf("%d->",n);，输出：4->。执行 fsum(n-1);，函数 fsum()调用函数 fsum()，实参 n-1 的值是 3，传递给形参 n。第二次从函数 fsum()转向函数 fsum()，执行 printf("%d->",n);，输出：3->。if(n==1)的控制条件值为 0，执行 fsum(n-1);，函数 fsum()调用函数 fsum()，实参 n-1 的值是 2，传递给形参 n。第三次从函数 fsum()转向函数 fsum()，执行 printf("%d->",n);，输出：2->。if(n==1)的控制条件值为 0，执行 printf("%d->",n);，输出：1->。执行 fsum(n-1);，函数 fsum()调用函数 fsum()，实参 n-1 的值是 1，传递给形参 n。第四次从函数 fsum()转向函数 fsum()，if(n==1)的控制条件值为 1，执行 printf("\n 递回:%d",n);，输出：递回:1。

第四次从函数 fsum()转向函数 fsum()执行结束后，返回到第四次函数 fsum()调用函数 fsum()处，执行 printf("<-%d",n);，输出：<-2。第三次从函数 fsum()转向函数 fsum()执行结束后，返回到第三次函数 fsum()调用函数 fsum()处，执行 printf("<-%d",n);，输出：<-3。第二次从函数 fsum()转向函数 fsum()执行结束后，返回到第二次函数 fsum()调用函数 fsum()处，printf("<-%d",n);，输出：<-4。第一次从函数 fsum()转向函数 fsum()执行结束后，返回到第一次函数 fsum()调用函数 fsum()处，执行 printf("<-%d",n);，输出：<-5。最后返回到主函数 main()调用 fsum()处，如图 10.8 所示。

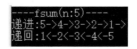

图 10.8　递归调用

（3）"递归"的过程分为递进和递回，递进到递回需要有临界条件。

Prog52.2

```c
#include "stdio.h"
int fun(int n,int m,int i);
int main()
{
    int n,m,i;
    n=1;m=4;i=0;
    printf("----fun(n:%d,m:%d)----\n",n,m);
    fun(n,m,i);
    printf("\n");
    return 0;
}
int fun(int n,int m,int i)
{
    printf("------%d------\n",i);
    i++;
    if(n==4||m==1)
    {
        printf("n(%d),m(%d):",n,m);
        printf("m+n(%d)\n",n+m);
    }
    else
    {
        printf("n(%d),m(%d):",n,m);
        printf("m+n(%d)\n",n+m);
        fun(n+1,m,i);
        fun(n,m-1,i);
    }
}
```

注释：

（1）定义 int fun(int n,int m,int i)，其临界条件是 n==4||m==1。

（2）状态 0，n==4||m==1 的值为 0，输出：n(1),m(4):m+n(5);
    调用 fun(n+1,m,i);
    状态 1，n==4||m==1 的值为 0，输出：n(2),m(4):m+n(6);
    调用 fun(n+1,m,i);
    状态 2，n==4||m==1 的值为 0，输出：n(3),m(4):m+n(7);
    调用 fun(n+1,m,i);
    状态 3，n==4||m==1 的值为 1，输出：n(4),m(4):m+n(8);
    调用 fun(n,m-1,i);
    状态 3，n==4||m==1 的值为 0，输出：n(3),m(3):m+n(6);
    调用 fun(n+1,m,i);

状态 4，n==4||m==1 的值为 1，输出：n(4),m(3):m+n(7)；
调用 fun(n,m−1,i)；

状态 4，n==4||m==1 的值为 0，输出：n(3),m(2):m+n(5)；
调用 fun(n+1,m,i)；

状态 5，n==4||m==1 的值为 1，输出：n(4),m(2):m+n(6)；
调用 fun(n,m−1,i)；

状态 5，n==4||m==1 的值为 1，输出：n(3),m(1):m+n(4)；

状态 2，n==4||m==1 的值为 0，输出：n(2),m(3):m+n(5)；
调用 fun(n+1,m,i)；

状态 3，n==4||m==1 的值为 0，输出：n(3),m(3):m+n(6)；
调用 fun(n+1,m,i)；

状态 4，n==4||m==1 的值为 1，输出：n(4),m(3):m+n(7)；
调用 fun(n,m−1,i)；

状态 4，n==4||m==1 的值为 0，输出：n(3),m(2):m+n(5)；
调用 fun(n+1,m,i)；

状态 5，n==4||m==1 的值为 1，输出：n(4),m(2):m+n(6)；
调用 fun(n,m−1,i)；

状态 5，n==4||m==1 的值为 1，输出：n(3),m(1):m+n(4)；

状态 3，n==4||m==1 的值为 0，输出：n(2),m(2):m+n(4)；
调用 fun(n+1,m,i)；

状态 4，n==4||m==1 的值为 0，输出：n(3),m(2):m+n(5)；
调用 fun(n+1,m,i)；

状态 5，n==4||m==1 的值为 1，输出：n(4),m(2):m+n(6)；
调用 fun(n,m−1,i)；

状态 5，n==4||m==1 的值为 1，输出：n(3),m(1):m+n(4)；

状态 4，n==4||m==1 的值为 1，输出：n(2),m(1):m+n(3)；

状态 1，n==4||m==1 的值为 0，输出：n(1),m(3):m+n(4)；
调用 fun(n+1,m,i)；

状态 2，n==4||m==1 的值为 0，输出：n(2),m(3):m+n(5)；
调用 fun(n+1,m,i)；

状态 3，n==4||m==1 的值为 0，输出：n(3),m(3):m+n(6)；
调用 fun(n+1,m,i)；

状态 4，n==4||m==1 的值为 1，输出：n(4),m(3):m+n(7)；
调用 fun(n,m−1,i)；

状态 4，n==4||m==1 的值为 0，输出：n(3),m(2):m+n(5)；
调用 fun(n+1,m,i)；

状态 5，n==4||m==1 的值为 1，输出：n(4),m(2):m+n(6)；
调用 fun(n,m−1,i)；

状态 5，n==4||m==1 的值为 1，输出：n(3),m(1):m+n(4)；

状态 3，n==4||m==1 的值为 0，输出：n(2),m(2):m+n(4)；

调用 fun(n+1,m,i)；

状态 4，n==4||m==1 的值为 0，输出：n(3),m(2):m+n(5)；

调用 fun(n+1,m,i)；

状态 5，n==4||m==1 的值为 1，输出：n(4),m(2):m+n(6)；

调用 fun(n,m−1,i)；

状态 5，n==4||m==1 的值为 1，输出：n(3),m(1):m+n(4)；

状态 4，n==4||m==1 的值为 1，输出：n(2),m(1):m+n(3)；

状态 2，n==4||m==1 的值为 0，输出：n(1),m(2):m+n(3)；

调用 fun(n+1,m,i)；

状态 3，n==4||m==1 的值为 0，输出：n(2),m(2):m+n(4)；

调用 fun(n+1,m,i)；

状态 4，n==4||m==1 的值为 0，输出：n(3),m(2):m+n(5)；

调用 fun(n+1,m,i)；

状态 5，n==4||m==1 的值为 1，输出：n(4),m(2):m+n(6)；

调用 fun(n,m−1,i)；

状态 5，n==4||m==1 的值为 1，输出：n(3),m(1):m+n(4)；

状态 4，n==4||m==1 的值为 1，输出：n(2),m(1):m+n(3)；

状态 3，n==4||m==1 的值为 1，输出：n(1),m(1):m+n(2)，如图 10.9 所示。

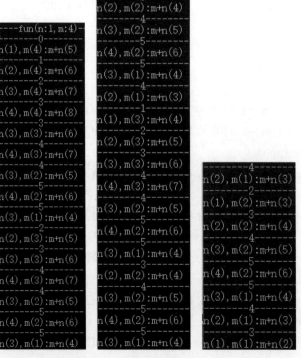

图 10.9　递归调用层次执行

（3）函数 fun()递归调用 fun(n+1,m,i);，当 n==1&&m==4 时开始进入递归调用。当实参 n+1 递进到 4 时，函数 fun()再递归调用 fun(n,m−1,i);，当实参 m−1 递进到 1 时，函数 fun() 递归调用在本层完成。当 n+1=4 时，递归调用 fun(n+1,m,i); 结束，状态返回到 3。当 n+1=3 时，递归调用 fun(n+1,m,i); 结束，状态返回到 2。当 n+1=2 时，递归调用 fun(n+1,m,i); 结束，状态返回到 1。当 n==1&&m==1 时结束全部递归调用。

案例 53：递归调用经典案例

Prog53.1

```c
#include "stdio.h"
int main()
{
    int i,j;
    i=1;
    while(i<=10)
    {
        j=1;
        while(j<=3*10−3*i)
        {
            printf(" ");
            j++;
        }
        j=1;
        while(j<=i)
        {
            printf("%6d",yangh(i,j));
            j++;
        }
        printf("\n");
        i++;
    }
}
int yangh(int i,int j)
{
    if(i==1||j==1||j==i)
        return 1;
    return yangh(i−1,j−1)+yangh(i−1,j);
}
```

注释：

定义 int yangh(int i,int j)，函数 yangh()递归调用 yangh(i−1,j−1)和 yangh(i−1,j)，递归临界条件为 i==1||j==1||j==i。输出如图 10.10 所示。

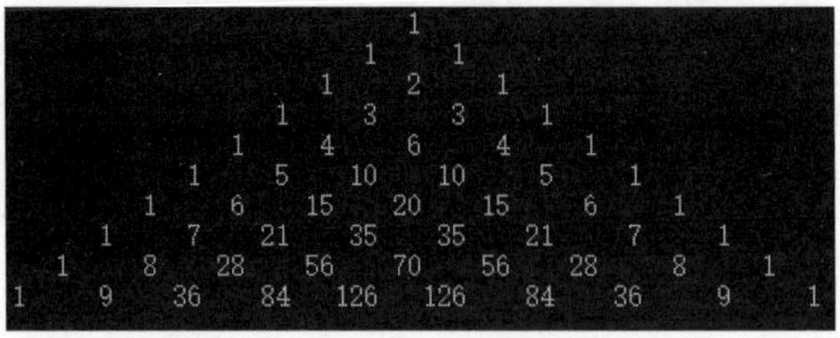

图 10.10 "杨辉三角"的递归执行

Prog53.2

```c
#include "stdio.h"
int hanio(int i,char a,char b,char c,int n);
void move(int i,char a,char c);
int main()
{
    int n;
    n=1;
    printf("-------%d-------\n",n);
    hanio(1,'A','B','C',n);
    n=2;
    printf("-------%d-------\n",n);
    hanio(1,'A','B','C',n);
    n=3;
    printf("-------%d-------\n",n);
    hanio(1,'A','B','C',n);
}
int hanio(int i,char a,char b,char c,int n)
{
    if(n==1)
    {
        move(i,a,c);
        i++;
    }
    else
    {
        i=hanio(i,a,c,b,n−1);
        move(i,a,c);
```

```
            i++;
            i=hanio(i,b,a,c,n−1);
        }
        return i;
}
void move(int i,char a,char c)
{
        printf("step(%d):%c−>%c\n",i,a,c);
}
```

注释:

汉诺塔问题。递归过程参数传递: i=hanio(i,a,c,b,n−1);, a 传递给 a, c 传递给 b, b 传递给 c, n−1 传递给 n, 含义是将 a 上的 n−1 借助于 c 移动到 b 上。i=hanio(i,b,a,c,n−1);, b 传递给 a, a 传递给 b, c 传递给 c, n−1 传递给 n, 含义是将 b 上的 n−1 借助于 a 移动到 c 上。使用参数 i 测试完成规模 n 的汉诺塔问题函数 move() 的调用次数。n=1 时, 次数为 1 (2^1-1); n=2 时, 次数为 3 (2^2-1); n=3 时, 次数为 7 (2^3-1)。依次类推, 规模 n 的汉诺塔问题函数 move() 的调用次数为 2^n-1。输出如图 10.11 所示。

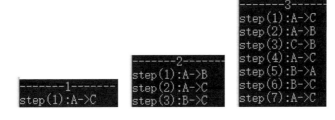

图 10.11　"汉诺塔问题"的递归执行

案例 54: 数组、指针与模块化

Prog54.1

```
#include "stdio.h"
void istr(int a[],int n);
void pstr(int a[],int n);
int fmax(int a[],int n);
int main()
{
        int a[5],i,k;
        printf("input a:");
        istr(a,5);
        printf("output a:");
```

```
        pstr(a,5);
        k=fmax(a,5);
        printf("a[%d]:%d\n",k,a[k]);
        return 0;
}
void pstr(int a[],int n)
{
    int i;
    i=0;
    while(i<n)
    {
        printf("a[%d]=%d\n",i,a[i]);
        i++;
    }
}
int fmax(int a[],int n)
{
    int k,i;
    k=0;
    i=0;
    while(i<n)
    {
        if(a[i]>a[k])
            k=i;
        i++;
    }
    return k;
}
void istr(int a[],int n)
{
    int i;
    i=0;
    while(i<n)
    {
        scanf("%d",&a[i]);
        i++;
    }
}
```

注释：

（1）定义 void istr (int a[], int n)，函数 istr()给数组 a 中的各个元素输入数据。定义 void pstr(int a[],int n)，函数 pstr()用于输出数组 a 中的各个元素。定义 int fmax(int a[],int n)，

函数 fmax()用于求数组 a 中元素的最大值并返回该值在数组中的位置。

（2）主函数 main()调用 istr(a,5);，实参 a（数组名），其值为&a[0]。实参 a 的值传递给形参 a，形参 a 的定义形式为 int a[]，由于形参 a 要存储&a[0]，所以形参 a 本质上是指针。因此，形参 a 的定义 int a[]等价于 int *a。执行 void istr(int a[],int n)，对数组元素输入就是输入主函数 main()的数组 a 的相应元素。同理，主函数 main()调用 pstr(a,5);k=fmax(a,5);，分别输出主函数 main()的数组 a 的相应元素和求出主函数 main()的数组 a 中相应元素的最大值及其位置，如图 10.12 所示。

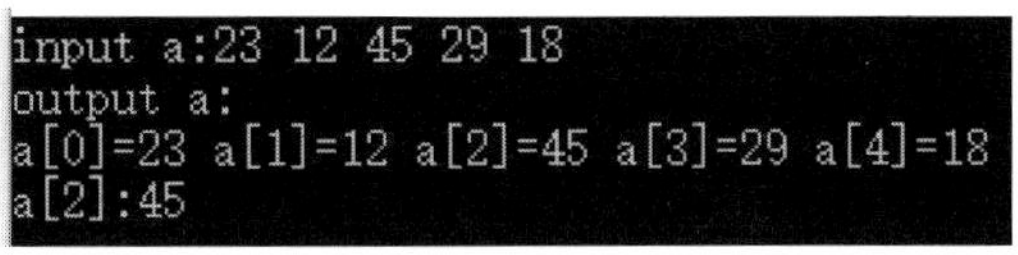

```
input a:23 12 45 29 18
output a:
a[0]=23 a[1]=12 a[2]=45 a[3]=29 a[4]=18
a[2]:45
```

图 10.12　实参为数组名的函数调用

（3）实参为数组名，实参的值是数组首单元的地址，单向"值"传递（传递的值是"地址"），形参是指针（指针是存储地址的存储单元）。形参的形式：int a[]⇔int a[5]⇔int *a，其本质形式是 int *a。

Prog54.2

```c
#include "stdio.h"
//{18,9,11,23,32,17,45,28,24,37,19,23}
void pstr(int a[][4],int n,int m);
void istr(int a[][4],int n,int m);
void ffmax(int a[][4],int n,int m,int *k,int *t);
int main()
{
    int a[3][4],i,k,t;
    printf("input a:");
    istr(a,3,4);
    printf("output a:\n");
    pstr(a,3,4);
    ffmax(a,3,4,&k,&t);
    printf("a[%d][%d]:%d\n",k,t,a[k][t]);
    return 0;
}
void pstr(int (*a)[4],int n,int m)
{
    int i,j;
    i=0;
    while(i<n)
    {
        j=0;
```

```
        while(j<m)
        {
            printf("a[%d][%d]=%d\t",i,j,a[i][j]);
            j++;
        }
        printf("\n");
        i++;
    }
    printf("\n");
}
void ffmax(int (*a)[4],int n,int m,int *k,int *t)
{
    int i,j;
    i=0;
    *k=*t=0;
    while(i<n)
    {
        j=0;
        while(j<m)
        {
            if(a[i][j]>a[*k][*t])
            {
                *k=i;*t=j;
            }
            j++;
        }
        i++;
    }
}
void istr(int (*a)[4],int n,int m)
{
    int i,j;
    i=0;
    while(i<n)
    {
        j=0;
        while(j<m)
        {
            scanf("%d",&a[i][j]);
            j++;
        }
        i++;
    }
}
```

注释：

（1）定义 void ffmax(int (*a)[4],int n,int m,int *k,int *t)，其功能是求数组 a 中元素的最大值及其所在的位置。形参 a 是指针变量，其属性值代表 4 个整型单元的地址，形参 n 和 m 分别记录第一维和第二维的阈值。形参 k 和 t 是指针变量，分别引用调用函数提供的相关单元。

（2）主函数 main()调用 ffmax(a,3,4,&k,&t);，实参 a 的值（&a[0]）传递给形参 a，形参 a 代表二维数组 a 的指针，实参 3、4 分别传递给形参 n 和 m。实参&k、t 分别传递给形参 k 和 t，则*(形参 k)（ffmax）⇔ k（main），*(形参 t)（ffmax）⇔ t（main）。程序执行结果如图 10.13 所示。

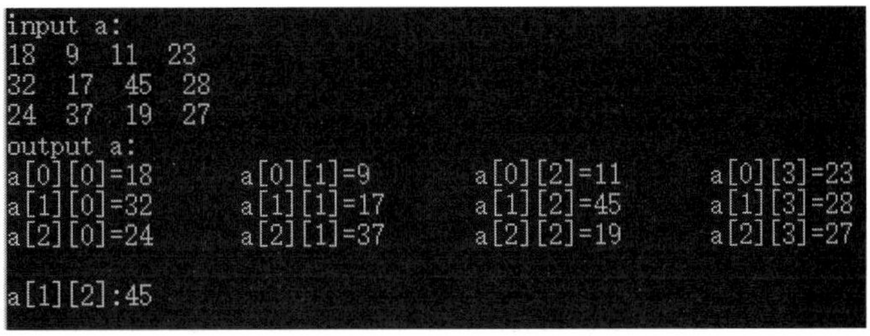

图 10.13　实参为多维数组名的函数调用

（3）形参定义成指针可以实现被调用函数 ffmax()访问调用函数 main()中的数据，也可以实现被调用函数 ffmax()"间接"返回若干值给调用函数 main()。多维形参的形式：int a[][4]⇔a[3][4]⇔int (*a)[4]，其本质形式是 int (*a)[4]。

Prog54.3

```
#include "stdio.h"
#include "ctype.h"
#include "string.h"
#define N 20
int fctn(char a[]);
int main()
{
    char a[N];
    printf("enter a:");
    gets(a);
    puts(a);
    printf("%s->%d\n",a,fctn(a));
    return 0;
}
int fctn(char a[])
{
```

```
        int i,t;
        i=0;t=0;
        while(a[i]!='\0')
        {
            if(a[i]>='0'&&a[i]<='9')
                t=t*10+a[i]-'0';
            i++;
        }
        return t;
}
```

注释：

（1）定义 int fctn(char a[])，函数 fctn()的功能是将字符串中的数字字符转换成数值输出。输入：ab2cd34e0f，输出：2340。

（2）主函数 main()调用函数 fctn()，实参为数组名 a，其值为&a[0]。形参定义 char a[]，形参 a 是指针变量，调用过程中将存储&a[0]。函数 fctn()中 while(a[i]!='\0')执行时，if(a[i]>='0'&&a[i]<='9')将找出字符串中的数字字符，t=t*10+a[i]-'0';将数字字符存储到变量 t 中。当 a[i]为'2'时，a[i]-'0'的值为 2，执行 t=t*10+a[i]-'0';，变量 t 的值为 2。当 a[i]为'3'时，a[i]-'0'的值为 3，执行 t=t*10+a[i]-'0';，变量 t 的值为 23。当 a[i]为'4'时，a[i]-'0'的值为 4，执行 t=t*10+a[i]-'0';，变量 t 的值为 234。当 a[i]为'0'时，a[i]-'0'的值为 0，执行 t=t*10+a[i]-'0';，变量 t 的值为 2340，如图 10.14 所示。

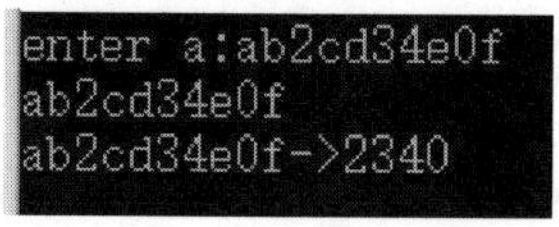

```
enter a:ab2cd34e0f
ab2cd34e0f
ab2cd34e0f->2340
```

图 10.14　字符串处理函数调用

（3）表达式 t*10+a[i]-'0'，a[i]-'0'是将 a[i]中的数字字符转换成数值，t*10 将变量 t 中的数值按照十进制位权提升一位（个位变十位、十位变百位等）。例如，变量 t 的值为 234 时，t*10 后，4 变成 40，30 变成 300，200 变成 2000。

案例 55：变量的作用域

Prog55.1

```
#include "stdio.h"
void f1();
void f2();
void f3();
void f4();
int a1;
```

```
    int a2;
    int main()
    {
        a1=2;
        f1();
    }
    void f1()
    {
        int a2;
        a2=3;
        printf("-----f1-----\n");
        printf("    a1=%d\n",a1);
        f2();
    }
    void f2()
    {
        printf("-----f2-----\n");
        printf("    a1=%d\n",a1);
        printf("    a2=%d\n",a2);
        f3();
    }
    int a3;
    void f3()
    {
        int a1;
        a3=4;
        printf("-----f3-----\n");
        printf("    a1=%d\n",a1);
        printf("    a2=%d\n",a2);
        printf("    a3=%d\n",a3);
        f4();
    }
    extern a4;
    void f4()
    {
        a4=5;
        printf("-----f4-----\n");
        printf("    a1=%d\n",a1);
        printf("    a2=%d\n",a2);
        printf("    a3=%d\n",a3);
        printf("    a4=%d\n",a4);
    }
    int a4;
```

注释：

（1）函数外部定义语句 int a1;int a2;（定义全局变量），变量 a1 和 a2 的作用范围是定义位置到源文件结束（作用于主函数 main()及函数 f1()、f2()、f3()、f4()）。函数外部定义语句 int a3;（定义全局变量），变量 a3 的作用范围是定义位置到源文件结束（作用于函数 f3()、f4()）。函数外部定义语句 int a4;（定义全局变量），由于其定义位置在源文件的尾部，所以不能作用于任何函数。语句 extern a4;将外部变量 a4 的作用范围从定义位置提前到 extern a4;再到源文件结束（作用于函数 f4()）。

函数 f1()内部定义语句 int a2;定义的变量 a2（局部变量），其作用范围仅在函数 f1()的内部，且能屏蔽外部定义的变量 a2。函数 f3()内部定义语句 int a1;定义的变量 a1（局部变量），其作用范围仅在函数 f3()的内部，且能屏蔽外部定义的变量 a1。

（2）主函数 main()调用函数 f1()，主函数 main()中的变量 a1 与函数 f1()中的变量 a1 都是外部变量，主函数 main()执行 a1=2;，函数 f1()执行 printf("   a1=%d\n",a1);，输出：a1=2。函数 f1()调用函数 f2()，函数 f1()的函数体内定义了变量 a2，函数 f1()执行 a2=3;，函数 f2()执行 printf("   a2=%d\n",a2);，输出：a2=0，说明函数 f2 中的变量 a2 不是函数 f1()的函数体内定义的变量 a2。

函数 f2()调用函数 f3()，函数 f3()的函数体内定义了变量 a1（局部变量），函数 f3()执行 printf("   a1=%d\n",a1);，输出：a1=1998441664，说明函数 f3()函数体内定义的变量 a1 不是外部变量 a1。函数 f4()的定义头部之前有 extern a4;，函数 f3()调用函数 f4()，函数 f4()执行 a4=5; 及 printf("   a4=%d\n",a4);，可以访问在该函数下面定义的外部变量 a4，输出：a4=5，如图 10.15 所示。

图 10.15　变量的作用域

（3）源程序文件函数体外部定义的变量（全局变量）的作用范围为定义位置到源文件结束。源程序文件函数体内部定义的变量（全局变量）的作用范围仅为该函数体内，不能提供给被调用函数使用。同时，如果函数体外部定义的变量（全局变量）与其内部定义的变量（局部变量）同名时，则函数体内部定义的变量（局部变量）优先于（屏蔽）函数体外部定义的变量（全局变量）。

Prog55.2

```
#include "stdio.h"
void f1(int i);
```

```
int main()
{
    int a1,a2;
    int i;
    a1=2;a2=3;
    i=1;
    f1(i);
    printf("------main(%d)-----\n",i);
    printf("        a1=%d,a2=%d\n",a1,a2);
    i++;
    f1(i);
    printf("------main(%d)-----\n",i);
    printf("        a1=%d,a2=%d\n",a1,a2);
    i++;
    f1(i);
    printf("------main(%d)-----\n",i);
    printf("        a1=%d,a2=%d\n",a1,a2);
}
void f1(int i)
{
    static int a1;
    int a2=3;
    printf("-----f1(%d)-----\n",i);
    printf("        a1=%d\n",a1);
    printf("        a2=%d\n",a2);
    a1=a1+1;
    a2=a2+1;
}
```

注释：

（1）定义 void f1(int i)，函数 f1()函数体内定义 static int a1;，变量 a1 属性定义为 static（静态变量），static 型变量 a1 初始值默认为 0。定义 int a2=3，变量 a2 默认属性定义为 auto（动态变量）。

（2）主函数 main()调用 f1()，当 i=1 时是第一次调用，转向执行 void f1(int i)，static int a1;，变量 a1 分配存储单元，初始值为 0；执行 int a2=3;，变量 a2 分配存储单元，初始值为 3。执行函数 f1()的函数体，输出：a1=0　a2=3，变量 a1、a2 与主函数 main()中的变量 a1、a2 都不是同一变量。函数 f1()执行结束后返回主函数 main()的同时释放函数 f1()中的变量 a2，但函数 f1()中的变量 a1 不释放。主函数 main()执行 printf("   a1=%d,a2=%d\n",a1,a2);，输出：a1=2,a2=3。

主函数 main()执行 i++;，当 i=2 时是第二次调用，转向执行 void f1(int i)，不再执行 static int a1;，变量 a1 存储单元还是 i=1 时的存储单元；执行 int a2=3;，变量 a2 分配存储单元，初始值为 3。执行函数 f1()的函数体，输出：a1=1　a2=3。函数 f1()执行结束后返回主函数

main()的同时释放函数 f1()中的变量 a2，但函数 f1()中的变量 a1 不释放。主函数 main()执行 printf("   a1=%d,a2=%d\n",a1,a2);，输出：a1=2,a2=3。

主函数 main()再次执行 i++;，当 i=3 时是第三次调用，转向执行 void f1(int i)，不再执行 static int a1;，变量 a1 存储单元还是 i=1,2 时的存储单元；执行 int a2=3;，变量 a2 分配存储单元，初始化为 3。执行函数 f1()的函数体，输出：a1=2   a2=3。函数 f1()执行结束后返回主函数 main()的同时释放函数 f1()中的变量 a2，但函数 f1()中的变量 a1 不释放。主函数 main()执行 printf("   a1=%d,a2=%d\n",a1,a2);，输出：a1=2,a2=3，如图 10.16 所示。

图 10.16　静态变量与动态变量

（3）静态（static）变量第一次调用被调用函数时为其分配存储单元；动态（auto）变量调用被调用函数时为其分配存储单元，在被调用函数执行结束时释放其存储单元。

案例 56：函数返回值为指针

Prog56.1

```c
#include "stdio.h"
int* fp1(int n);
int main()
{
    int n,*ps,s;
    n=5;
    ps=fp1(n);
    s=*ps;
    printf("------main-----\n");
    printf("ps=%x,*ps=%d\n",ps,s);
}
int* fp1(int n)
{
    int s;
```

```
        printf("------f1------\n");
        s=10;
        printf("&s=%x,s=%d\n",&s,s);
        return &s;
    }
```

注释：

（1）定义 int* fp1(int n)，函数 fp1()返回值类型 int*，其返回值属性单元为用于存储整型数据的指针。

（2）主函数 main()调用 fp1()，int s;在函数 fp1()内部定义局部变量 s，函数 fp1()执行：s=10;，则函数 fp1()内部定义局部变量 s 的值是 10；执行 printf("&s=%x,s=%d\n",&s,s);，输出：&s=60fecc,s=10。return &s;返回函数 fp1()内部定义局部变量 s 的地址到返回值属性单元中，函数 fp1()调用过程结束时解除函数 fp1()内部定义局部变量 s 的变量名与其存储单元之间的绑定关系，返回主函数 main()调用处。ps=fp1(n);，指针变量 ps 的值是函数 fp1()内部定义局部变量 s 的指针。s=*ps;，*ps 引用函数 fp1()内部定义局部变量 s 的存储单元。执行 printf("ps=%x,*ps=%d\n",ps,s);，输出：ps=60fecc,*ps=10，如图 10.17 所示。结论：函数 fp1()内部定义局部变量 s 与主函数 main()中*ps 引用的是同一内存单元。

图 10.17　函数返回值为指针

（3）被调用函数的返回值是指针，则调用函数可以引用被调用函数已经"释放"（变量名与存储单元已经解除绑定）的存储单元。

案例 57：预编译处理

Prog57.1

```
#include "stdio.h"
#define N 3
#define FF(a,b) a*b
#define M N*2
int main()
{
    int m,n;
    m=N;
    n=N+2;
    printf("------N-----\n");
```

```
    printf("N=%d,m=%d,n=%d\n",N,m,n);
    printf("-----FF(a,b)-----\n");
    m=FF(m-1,n+1);
    n=FF(m+1,n-1);
    printf("FF(a,b):m=%d,n=%d\n",m,n);
    printf("-------M-------\n");
    printf("N=%d,M=%d,N*2=%d\n",N,M,N*2);
}
```

注释：

（1）"宏"定义#define N 3，#define FF(a,b) a*b，#define M N*2。"宏"名 N、FF、M 分别代表 3、a*b、N*2，#define FF(a,b) a*b 是带参数的"宏"定义，#define M N*2 是嵌套的"宏"定义。预编译阶段：#define M N*2 中的"宏"名 N"替换"成 3（"宏"名 M 代表 3*2），m=N;中的"宏"名 N"替换"成 3，n=N+2;中的"宏"名 N"替换"成 3（n=3+2），printf("N=%d,m=%d,n=%d\n",N,m,n);中的"宏"名 N"替换"成 3（"N=%d,m=%d,n=%d\n"中的 N 是普通字符，不"替换"）。m=FF(m-1,n+1); 中的"替换"：a"替换"成 m-1，b"替换"成 n+1，即 m=FF(m-1,n+1)"替换"成 (m-1)*(n+1)。n=FF(m+1,n-1);中的"替换"：a"替换"成 m+1，b"替换"成 n-1，即 m=FF(m-1,n+1)"替换"成(m+1)*(n-1)。printf("N=%d,M=%d,N*2=%d\n",N,M,N*2); 中的"宏"名 N"替换"成 3，"宏"名 M"替换"成 3*2，"N=%d,M=%d,N*2=%d\n"中的 N 和 M 则不"替换"。

（2）执行阶段：printf("N=%d,m=%d,n=%d\n", N,m,n);，输出：N=3,m=3,n=5。m=FF(m-1,n+1);执行后变量 m 的值是-1；n=FF(m+1,n-1);执行后变量 n 的值是 3。执行 printf("FF(a,b):m=%d,n=%d\n", m,n);，输出：FF(a,b):m=-1,n=3。执行 printf("N=%d,M=%d,N*2=%d\n",N,M,N*2);，输出：N=3,M=6,N*2=6，如图 10.18 所示。

图 10.18 预编译阶段的"宏"处理

（3）预编译阶段的"宏"处理：只替换，不运算。函数体内的字符串中出现与"宏"名相同的符号也不替换。

 探索

设计一个投票系统，功能包括投票、统计、名次分析、输出结果。

案例 58：结构体类型与结构体变量

Prog58.1

```c
#include "stdio.h"
struct student{
    char num[20];
    char name[10];
    int age;
    char sex;
    float score;
};
int main()
{
    int a;
    struct student t1;
    printf("---------addr-------------\n");
    printf("sizeof(t1)=%d,addr(t1)=%x\n",sizeof t1,&t1);
    printf("sizeof(t1.num)=%d,addr(t1.num)=%x\n",sizeof t1.num,t1.num);
    printf("sizeof(t1.name)=%d,addr(t1.name)=%x\n",sizeof t1.name,t1.name);
    printf("sizeof(t1.age)=%d,addr(t1.age)=%x\n",sizeof t1.age,&t1.age);
    printf("sizeof(t1.sex)=%d,addr(t1.sex)=%x\n",sizeof t1.sex,&t1.sex);
    printf("sizeof(t1.score)=%d,addr(t1.score)=%x\n",sizeof t1.score,&t1.score);
    printf("---------input-------------\n");
    printf("input t1.num:");
    getchar();
    gets(t1.num);
    printf("input t1.name:");
    gets(t1.name);
    printf("input t1.sex:");
    t1.sex=getchar();
    printf("input t1.age:");
    scanf("%d",&t1.age);
    printf("input t1.score:");
    scanf("%f",&t1.score);
    printf("---------output-------------\n");
```

```
        printf("num\tname\tsex\tage\tscore\n");
        printf("%s\t",t1.num);
        printf("%s\t",t1.name);
        printf("%c\t",t1.sex);
        printf("%d\t",t1.age);
        printf("%.2f\n",t1.score);
    }
```

注释:

(1) struct student 定义结构体类型。该结构体类型成员有 char num[20](字符数组,存储字符串),char name[10](字符数组,存储姓名),int age(整型,存储年龄),char sex(字符型,存储性别),float score(实型,存储成绩)。

struct student t1 定义结构体变量 t1。结构体变量 t1 与结构体类型成员 num、name、age、sex、score 的关系是"整体"与"部分",结构体类型成员也可称为结构体变量的成员。对结构体变量需要通过其成员进行"部分"访问,运算符"."可实现从"整体"到"部分"。t1.num 运算出变量 t1 中成员字符数组 num,t1.name 运算出变量 t1 中成员字符数组 name,t1.sex 运算出变量 t1 中成员字符单元 sex,t1.age 运算出变量 t1 中成员整型单元 age,t1.score 运算出变量 t1 中成员实型单元 score。

(2) 执行 printf("sizeof(t1)=%d,addr(t1)=%x\n",sizeof t1,&t1);,输出:sizeof(t1)=44,addr(t1)=60fed4。变量 t1 存储单元的尺寸是 44 字节,其分配的存储单元的地址是 60fed4。执行 printf("sizeof(t1.num)=%d,addr(t1.num)=%x\n",sizeof t1.num,t1.num);,输出:sizeof(t1.num)=20,addr(t1.num)=60fed4。变量 t1 中成员字符数组 num 存储空间的尺寸是 20,其分配的存储空间的地址是 60fed4。执行 printf("sizeof(t1.name)=%d,addr(t1.name)=%x\n",sizeof t1.name,t1.name);,输出:sizeof(t1.name)=10,addr(t1.name)=60fee8。变量 t1 中成员字符数组 name 存储空间的尺寸是 10,其分配的存储空间的地址是 60fee8。执行 printf("sizeof(t1.age)=%d,addr(t1.age)=%x\n",sizeof t1.age,&t1.age);,输出:sizeof(t1.age)= 4,addr(t1.age)=60fef4。变量 t1 中成员整型单元 age 存储空间的尺寸是 4,其分配的存储空间的地址是 60fef4(60fef4−60fee8=12,变量 t1 中成员 name 和成员 age 之间多出 2 字节)。执行 printf("sizeof(t1.sex)=%d,addr(t1.sex)=%x\n",sizeof t1.sex,&t1.sex);,输出:sizeof(t1.sex)=1,addr(t1.sex)=60fef8。变量 t1 中成员字符单元 sex 存储空间的尺寸是 1,其分配的存储空间的地址是 60fef8(60fef8−60fef4=4)。执行 printf("sizeof(t1.score)=%d,addr(t1.score)=%x\n",sizeof t1.score,&t1.score);,输出:sizeof(t1.score)=4,addr(t1.score)=60fefc。变量 t1 中成员实型单元 score 存储空间的尺寸是 4,其分配的存储空间的地址是 60fefc(60fefc−60fef8=4,变量 t1 中成员 sex 和成员 score 之间多出 3 字节),如图 11.1 所示。

(3) 结构体类型是"构造类型"(又称"集合类型"),其存储空间以其成员为单位进行"连续"分配,连接程序在为成员分配空间时,每个成员存储空间地址的十六进制数的个位是 0、4、8、c,结构体类型定义的变量单元的存储空间中出现的有些字节没有分配给其成员。此结构体变量存储空间的尺寸是 44,而其成员存储空间的总和是 20+10+4+1+4=39。

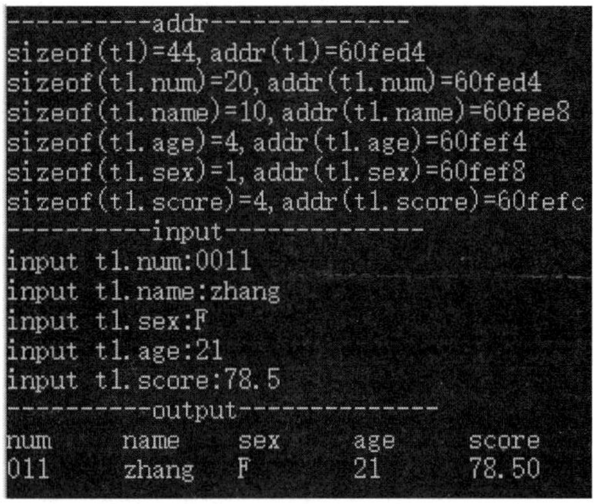

图 11.1　结构体类型与结构体变量（1）

Prog58.2

```c
#include "stdio.h"
struct student{
    char num[20];
    char name[10];
    int age;
    char sex;
    float score;
};
int main()
{
    int a;
    struct student t1={"0011","zhang",21,'F',87.5};
    printf("----------data-------------\n");
    printf("t1.num[2]:%d->%c\n",t1.num[2],t1.num[2]);
    printf("t1.name[3]:%c\n",t1.name[3]);
    printf("----------output-------------\n");
    printf("num\tname\tsex\tage\tscore\n");
    printf("%s\t",t1.num);
    printf("%s\t",t1.name);
    printf("%c\t",t1.sex);
    printf("%d\t",t1.age);
    printf("%.2f\n",t1.score);
}
```

注释：

（1）struct student t1={"0011","zhang",21,'F',87.5};，定义结构体变量 t1 并初始化，t1.num

存储空间存储"0011"，t1.name 存储空间存储"zhang"，t1.age 存储空间存储 21，t1.sex 存储空间存储'F'，t1.score 存储空间存储 87.5。

（2）执行 printf("t1.num[2]:%d->%c\n",t1.num[2],t1.num[2]);，输出：t1.num[2]:49->1。表达式 t1.num[2]运算出结构体变量 t1 成员字符数组 num[2]的单元，t1.num 存储的是字符串"0011"，则 t1.num[2]单元的值是'1'，对应的 ASCII 码值是 49。执行 printf("t1.name[3]:%c\n",t1.name[3]);，输出：t1.name[3]:n。表达式 t1.name[3]运算出结构体变量 t1 成员字符数组 name[3]的单元，t1.name 存储的是字符串"zhang"，则 t1.name[3]单元的值是'n'，如图 11.2 所示。

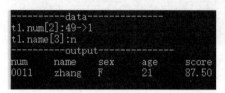

图 11.2　结构体类型与结构体变量（2）

（3）<结构体变量名>.<结构体类型成员名>：引用结构体变量的类型成员的存储单元。

<结构体变量名>.<结构体类型成员名>[下标]：引用结构体变量的数组类型成员相应"下标"的存储单元。

案例 59：结构体变量与结构体指针

Prog59.1

```
#include "stdio.h"
struct student{
    char num[20];
    char name[10];
    int age;
    char sex;
    float score;
};
int main()
{
    int a;
    struct student t1={"0011","zhang",21,'F',87.5},*ps;
    ps=&t1;
    printf("-------------------ps&t1--------------------\n");
    printf("t1.num:%s,(*ps).num:%s,ps->num:%s\n",t1.num,(*ps).num,ps->num);
```

```
        printf("t1.name:%s,(*ps).name:%s,ps->name:%s\n",t1.name,(*ps).name,ps->name);
        printf("t1.age:%d,(*ps).age:%d,ps->age:%d\n",t1.age,(*ps).age,ps->age);
        printf("t1.sex:%c,(*ps).sex:%c,ps->sex:%c\n",t1.sex,(*ps).sex,ps->sex);
        printf("t1.score:%.2f,(*ps).score:%.2f,ps->score:%.2f\n",t1.score,(*ps).score,ps->score);
        printf("--------------------data--------------------\n");
        printf("t1.num[2]:%c,(*ps).num[2]:%c,ps->num[2]:%c\n",t1.num[2],(*ps).num[2],ps->num[2]);
        printf("t1.name[3]:%c,(*ps).name[3]:%c,ps->name[3]:%c\n",t1.name[3],(*ps).name[3],ps->name[3]);
}
```

注释：

（1）定义 struct student t1={"0011","zhang",21,'F',87.5},*ps;，指针变量 ps 的属性类型为结构体类型 struct student。

（2）ps=&t1;，指针变量 ps 的结构体变量 t1 的指针（其值是&t1），t1⇔*ps。

执行 printf("t1.num:%s,(*ps).num:%s,ps->num:%s\n",t1.num,(*ps).num,ps->num);，输出：t1.num:0011,(*ps).num:0011,ps->num:0011，则 t1.num⇔(*ps).num⇔ps->num。执行 printf("t1.name:%s,(*ps).name:%s,ps->name:%s\n",t1.name,(*ps).name,ps->name);，输出：t1.name:zhang,(*ps).name:zhang,ps->name:zhang，则 t1.name⇔(*ps).name⇔ps->name。执行 printf("t1.age:%d,(*ps).age:%d,ps->age:%d\n",t1.age,(*ps).age,ps->age);，输出：t1.age:21,(*ps).age:21,ps->age:21，则 t1.age⇔(*ps).age⇔ps->age。执行 printf("t1.sex: %c,(*ps).sex:%c,ps->sex:%c\n",t1.sex,(*ps).sex,ps->sex);，输出：t1.sex:F,(*ps).sex:F,ps->sex:F，则 t1.sex⇔(*ps).sex⇔ps->sex。执行 printf("t1.score:%.2f,(*ps).score:%.2f,ps-> score:%.2f\n",t1.score,(*ps).score,ps->score);，输出：t1.score:87.50,(*ps).score:87.50,ps->score: 87.50，则 t1.score⇔(*ps).score⇔ps->score。

执行 printf("t1.num[2]:%c,(*ps).num[2]:%c,ps->num[2]:%c\n",t1.num[2],(*ps).num[2], ps->num[2]);，输出：t1.num[2]:1,(*ps).num[2]:1,ps->num[2]:1，则 t1.num[2]⇔(*ps).num[2]⇔ ps->num[2]。执行 printf("t1.name[3]:%c,(*ps).name[3]:%c,ps->name[3]:%c\n",t1.name[3], (*ps).name[3],ps->name[3]);，输出：t1.name[3]:n,(*ps).name[3]:n,ps->name[3]:n，则 t1.name[3]⇔ (*ps).name[3]⇔ps->name[3]，如图 11.3 所示。

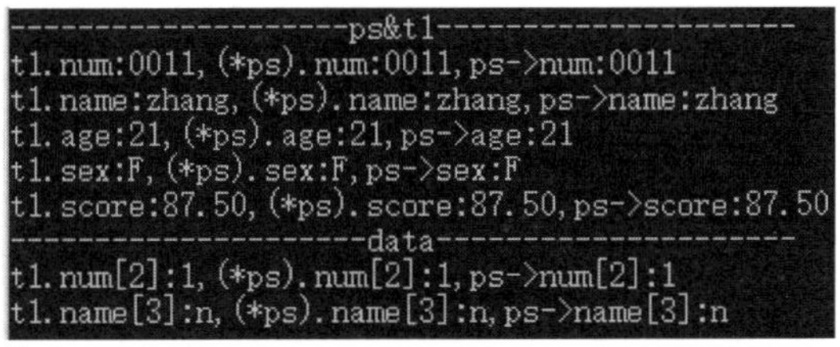

图 11.3 结构体指针引用结构体变量（1）

（3）运算符->⇔(*).。

Prog59.2

```c
#include "stdio.h"
struct student{
    char num[20];
    char name[10];
    int age;
    char sex;
    float score;
};
typedef struct student ST;
void finfo(ST *ps);
void fofo(ST *ps);
int main()
{
    ST t1,*ps;
    ps=&t1;
    finfo(ps);
    printf("num\tname\tsex\tage\tscore\n");
    fofo(ps);
    printf("%d\n",t1.num[3]);
}
void finfo(ST *ps)
{
    printf("input t1.num:");
    gets(ps->num);
    printf("input t1.name:");
    gets(ps->name);
    printf("input t1.sex:");
    ps->sex=getchar();
    printf("input t1.age:");
    scanf("%d",&ps->age);
    printf("input t1.score:");
    scanf("%f",&ps->score);
}
void fofo(ST *ps)
{
    printf("%s\t",ps->num);
    printf("%s\t",ps->name);
    printf("%c\t",ps->sex);
    printf("%d\t",ps->age);
    printf("%.2f\n", ps-> score);
}
```

注释：

（1）定义 void finfo(ST *ps);，函数 finfo() 用于给调用函数 main() 中的结构体变量 t1 输入数据，其形参是结构体变量的指针 ps。定义 void fofo(ST *ps);，函数 fofo() 用于将调用函数 main() 中的结构体变量 t1 数据输出，其形参是结构体变量的指针 ps。

（2）主函数 main() 执行 ps=&t1;，指针变量 ps 是结构体变量 t1 的指针。执行 finfo(ps); 与 fofo(ps);，调用函数 main() 分别调用被调用函数 finfo()、fofo()，实参 ps 的值是 &t1，实参 ps 的值传递给形参 ps（不是同一个变量）。转向执行被调用函数 finfo()，ps->num⇔t1.num，ps->name⇔t1.name，ps->sex⇔t1.sex，ps->age⇔t1.age，ps->score⇔t1.score。

主函数 main() 执行 printf("%d\n",t1.num[3]);，输出：49。t1.num[3] 中存储的是 '1'，其 ASCII 码值是 49，可以看出函数 finfo() 将数据输入主函数 main() 定义的结构体变量 t1 的存储单元中，如图 11.4 所示。

图 11.4　结构体指针引用结构体变量（2）

（3）函数的实参是结构体变量的地址，则函数的形参是结构体变量的指针，被调用函数通过形参指针访问调用函数中结构体变量的成员。

案例 60：结构体数组与指针

Prog60.1

```c
#include "stdio.h"
struct student{
    char num[10];
    char name[20];
    int age;
    char sex;
    float score;
};
```

```
typedef struct student ST;
void finfo(ST *ps);
void fofo(ST *ps);
int fage(ST *ps);
int main()
{
    ST t[3],*ps;
    ps=t;
    printf("\n------------------size------------------\n");
    printf("size(t):%d\n",sizeof t);
    printf("size(t[0]):%d,size(t[1]):%d,size(t[2]):%d\n",sizeof t[0],sizeof t[1],sizeof t[2]);
    printf("\n------------------ps++------------------\n");
    printf("addr(t[0]):%x,addr(ps):%x\n",&t[0],ps);
    ps++;
    printf("ps++=>addr(t[1]):%x,addr(ps):%x\n",&t[1],ps);
    ps++;
    printf("ps++=>addr(t[2]):%x,addr(ps):%x\n",&t[2],ps);
    ps=t;
    printf("\n------------------finfo------------------\n");
    finfo(ps);
    printf("num\tname\tsex\tage\tscore\n");
    printf("\n------------------fofo------------------\n");
    fofo(ps);
    printf("\n------------------fage------------------\n");
    printf("19:%d\n",fage(ps));
}
void finfo(ST *ps)
{
    int i;
    i=0;
    while(i<3)
    {
        printf("input %dth't.num:",i+1);
        gets(ps->num);
        printf("input %dth't.name:",i+1);
        gets(ps->name);
        printf("input %dth'sex:",i+1);
        ps->sex=getchar();
        printf("input %dth't.age:",i+1);
        scanf("%d",&ps->age);
        printf("input %dth'score:",i+1);
```

```
            scanf("%f",&ps->score);
            i++;
            ps++;
            getchar();
        }
    }
    void fofo(ST *ps)
    {
        int i;
        i=0;
        while(i<3)
        {
            printf("%s\t",ps->num);
            printf("%s\t",ps->name);
            printf("%c\t",ps->sex);
            printf("%d\t",ps->age);
            printf("%.2f\n",ps->score);
            i++;
            ps++;
        }
    }
    int fage(ST *ps)
    {
        int i,t;
        t=0;
        i=0;
        while(i<3)
        {
            if(ps->age==19) t++;
                i++;
            ps++;
        }
        return t;
    }
```

注释：

（1）主函数 main()中定义 ST t[3],*ps;，数组 t 是结构体类型，指针变量 ps 是指向结构体类型的指针。定义 int fage(ST *ps);，函数 fage()的功能是统计年龄为 19 岁的学生数量。

（2）主函数 main()执行 ps=t;，指针变量 ps 是数组 t 的指针（代表&t[0]）。执行 printf("size(t):%d\n",sizeof t);，输出：size(t):132，数组 t 的存储空间占用 132 字节。执行

printf("size(t[0]):%d,size(t[1]):%d,size(t[2]):%d\n",sizeof t[0],sizeof t[1],sizeof t[2]);，输出：size(t[0]):44,size(t[1]):44,size(t[2]):44，数组 t 的三个元素 t[0]、t[1]、t[2]尺寸的总和是数组 t 占用的存储空间。执行 printf("addr(t[0]):%x,addr(ps):%x\n",&t[0],ps);，输出：addr(t[0]):60fe78, addr(ps):60fe78，指针变量 ps 的值是&t[0]。执行 ps++;printf("ps++=>addr(t[1]):%x,addr(ps):%x\n",&t[1],ps);，输出：ps++=>addr(t[1]):60fea4,addr(ps):60fea4，指针变量 ps 的值是&t[1]，指针变量 ps 移动的尺寸是 60fea4-60fe78=44。执行 ps++;printf("ps++=>addr(t[2]):%x,addr(ps):%x\n",&t[2],ps);，输出：ps++=>addr(t[2]):60fed0,addr(ps):60fed0，指针变量 ps 的值是&t[2]，指针变量 ps 移动的尺寸是 60fed0-60fea4=44，如图 11.5 所示。

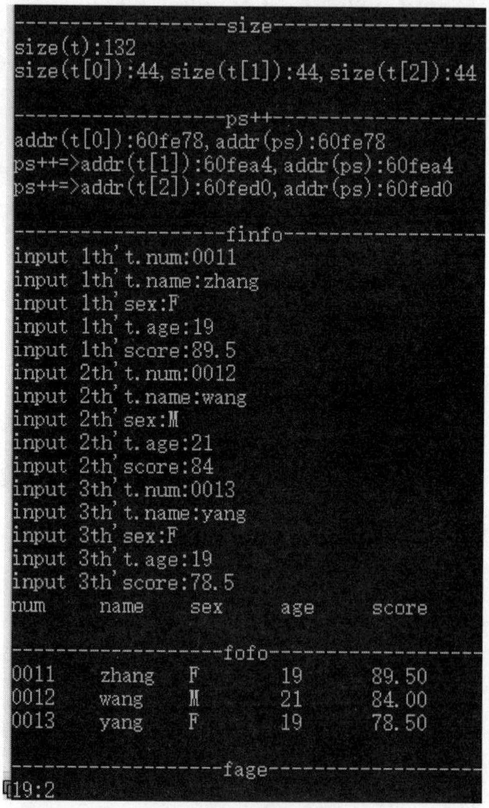

图 11.5　结构体数组与指针

执行 ps=t;，使指针变量 ps 重新移到数组 t 的首单元 t[0]，主函数 main()调用 finfo(ps)，实参是指针变量 ps，其值&t[0]传递给形参 ps。执行函数 finfo()函数体，while(i<3)控制给数组 t 元素输入数据。当 i=0 时，指针变量 ps 是 t[0]单元的指针，ps->num⇔t[0].num，ps->name⇔t[0].name，ps->age⇔t[0].age，ps->sex⇔t[0].sex，ps->score⇔t[0].score，执行 ps++;。当 i=1 时，指针变量 ps 是 t[1]单元的指针，ps->num⇔t[0].num，ps->name⇔t[1].name，ps->age⇔t[1].age，ps->sex⇔t[1].sex，ps->score⇔t[1].score，执行 ps++;。当 i=2 时，指针变量 ps 是 t[2]单元的指针，ps->num⇔t[2].num，ps->name⇔t[2].name，ps->age⇔t[2].age， ps−>sex⇔t[2].sex，ps−>score⇔t[2].score。函数 finfo()调用结束后返回到主函数 main()中调用 finfo(ps)处。主函数 main()调用 fofo(ps)和 fage(ps)，与主函数 main()调用 finfo(ps)的过程相同。

（3）ps++可以依次引用结构体数组的元素，ps−>num、ps−>name、ps−>age、ps−>sex、ps−>score 引用效率更高。

案例 61：结构体典型案例

Prog61.1

```c
#include "stdio.h"
#include "stdlib.h"
#include "time.h"
struct cn{
    char c;
    int a;
};
typedef struct cn CN;
int fyn(CN *s);
int main()
{
    srand((unsigned)time(NULL));
    CN s[20],*ps;
    int i,k;
    k=0;
    ps=s;
    i=100;
    while(i>0&&)
    {
        printf("RAND s.a:");
        s[k].a=rand()%26+65;
        printf("%d\n",s[k].a);
        printf("input s.c:");
        s[k].c=getchar();
        if(fyn(ps+k))
            i=i-10;
        else
            printf("恭喜您答对了!\n");
        k++;
        getchar();
```

```
        }
            printf("下次再来!\n");
    }
    int fyn(CN *s)
    {
        if(s->a==s->c)
            return 0;
        else
            return 1;
    }
```

注释:

（1）随机产生一个大写英文字母的 ASCII 码值，判断其对应的英文字母。CN s[20]，每次最多有 20 次机会，如果 20 次内猜错 10 次则游戏结束。

（2）主函数 main()执行 s[k].a=rand()%26+65;，产生一个随机的 ASCII 码值，其范围是 65 到 89。执行 s[k].c=getchar();，猜想随机的 ASCII 码值对应的大写英文字母。if(fyn(ps+k)) 的条件是调用函数 fyn(ps+k)，实参是 ps+k，其值为数组 s 下标为 k 的元素的地址&s[k]。被调用函数 fyn()的形参为 s，执行 fyn()的函数体，s->a 等价于主函数 main()中的 s[k].a，s->c 等价于主函数 main()中的 s[k]. c。若 if(s->a==s->c)的条件值为 1，则猜对了，执行 return 0;，否则，猜错了，执行 return 1;，fyn()的函数体执行结束返回主函数 main()的 if(fyn(ps+k))。若 if(fyn(ps+k))中条件的值为 1，则执行 printf("抱歉，您的回答不正确\n");i=i-10;，输出："抱歉，您的回答不正确"，如图 11.6 所示；否则，执行 printf("恭喜您答对了!\n");，输出："恭喜您答对了!"。

图 11.6　猜题游戏

（3）结构体 s[k].a 和 s[k].c 通过下标 k 实现了高效关联。

案例 62：链表

Prog62.1

```
#include "stdio.h"
struct link{
    int data;
```

```
        struct link *next;
};
int main()
{
        struct link a,b,c,*head,*ps;
        head=&a;
        a.next=&b;
        b.next=&c;
        c.next=NULL;
        printf("enter a:");
        scanf("%d",&a.data);
        printf("enter b:");
        scanf("%d",&b.data);
        printf("enter c:");
        scanf("%d",&c.data);
        printf("--------a,b,c--------\n");
        printf("output link:");
        printf("%d->%d->%d\n",a.data,b.data,c.data);
        printf("--------next--------\n");
        printf("output link:");
        printf("%d->%d->%d\n",a.data,a.next->data,b.next->data);
        printf("--------a.next--------\n");
        printf("output link:");
        printf("%d->%d->%d\n",a.data,a.next->data,a.next->next->data);
        printf("--------ps--------\n");
        ps=head;
        printf("output link:");
        printf("%d->",ps->data);
        ps=ps->next;
        printf("%d->",ps->data);
        ps=ps->next;
        printf("%d\n",ps->data);
        printf("--------while--------\n");
        ps=head;
        printf("output link:");
        while(ps)
        {
            if(ps->next!=NULL)
                    printf("%d->",ps->data);
            else
```

```
            printf("%d\n",ps->data);
        ps=ps->next;
    }
    return 0;
}
```

注释：

（1）struct link{int data;struct link *next;};定义链表类型，成员名 next 为指针类型，该指针的属性类型与其定义的结构体类型相同。struct link a,b,c,*head,*ps;，变量 a、b、c 为结构体类型的变量，指针变量 head 和 ps 的属性类型为 struct link。

（2）执行 head=&a; a.next=&b; b.next=&c; c.next=NULL;，构造"静态链表"。指针变量 head 称为该静态链表的"头指针"，变量 a、b、c 称为该静态链表的"结点"，其中的变量 c 称为该静态链表的"尾结点"（因 c.next=NULL）。

执行 printf("%d->%d->%d\n",a.data,b.data,c.data);，printf("%d->%d->%d\n",a.data,a.next->data,b.next->data);，printf("%d->%d->%d\n",a.data,a.next->data,a.next->next->data);，输出：output link:1->2->4（当输入：enter a:1 enter b:2 enter c:4），则 b.data⇔a.next->data，c.data⇔b.next->data，c.data⇔b.next->data⇔a.next->next->data。

ps=head;，指针变量 ps 是结点 a 的指针，第一次执行 ps=ps->next;，指针变量 ps 是结点 b 的指针；第二次执行 ps=ps->next;，指针变量 ps 是结点 c 的指针。通过指针变量 ps 移动依次执行 printf("%d->",ps->data);，输出：output link:1->2->4，三次执行的语句体相同。

ps=head;，循环结构 while(ps)，当条件 ps 的值为 1 时（ps!=NULL），执行循环体，循环每执行 ps=ps->next;一次，指针变量 ps 都向"链表尾"方向移动一个结点。当条件 ps 的值为 0 时（ps=NULL），指针变量 ps 移出链表，循环执行结束。输出：output link:1->2->4，如图 11.7 所示。

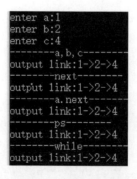

图 11.7 静态链表

（3）静态链表的每个结点都是事先静态定义好的，在执行阶段不要产生新的结点，而且访问方式"多样化"（"直接访问""联系访问""指针访问"）。

Prog62.2

```
#include "stdio.h"
#include "stdlib.h"
struct link{
    int data;
    struct link *next;
};
typedef struct link ST;
ST* create(int *n);
int main()
{
    ST *head,*p;
    int n;
    head=create(&n);
    p=head;
    while(p!=NULL)
    {
        if(p->next!=NULL)
            printf("%d->",p->data);
        else
            printf("%d\n",p->data);
        p=p->next;
    }
    return 0;
}
ST* create(int *n)
{
    ST *head,*p,*s;
    int t;
    *n=1;
    s=(struct link*)malloc(sizeof(struct link));
    printf("s->data:");
    scanf("%d",&s->data);
    head=s;
    p=s;
    p->next=NULL;
    printf("continue(1)    stop(0):");
    scanf("%d",&t);
    while(t)
    {
        (*n)++;
```

```
        s=(struct link*)malloc(sizeof(struct link));
        printf("s->data:");
        scanf("%d",&s->data);
        s->next=p->next;
        p->next=s;
        p=s;
        printf("continue(1)    stop(0):");
        scanf("%d",&t);
    }
    return head;
}
```

注释：

（1）定义 ST* create(int *n);，函数 create()的功能是创建"动态链表"，函数 create()的返回值类型为 ST*，返回创建"动态链表"的头指针。形参 n 类型为 int *，间接返回函数 create()创建"动态链表"的结点数。

（2）主函数 main()执行 head=create(&n);，调用函数 create()，实参&n 传递给形参 n。函数 create()第一次执行 s=(struct link*)malloc(sizeof(struct link));，动态分配函数 malloc()创建一个结点。head=s; 设置第一个创建的标点为"头结点"，p=s;p->next=NULL; 同时设置该结点为"尾结点"。while(t)控制再创建其他结点，循环体内执行 s=(struct link*)malloc (sizeof(struct link));，再一次创建结点，s->next=p->next;p->next=s;p=s;设置新建结点为"尾结点"，指针变量 p 为"尾指针"，如图 11.8 所示。

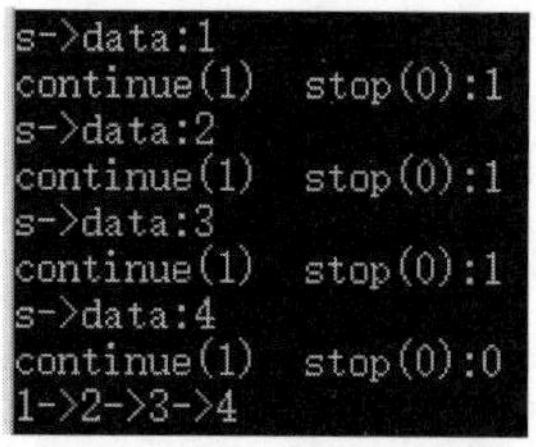

图 11.8　动态链表

（3）"动态链表"的结点是在程序运行过程中创建的。

案例 63：链表应用案例

Prog63.1

```
#include "stdio.h"
#include "stdlib.h"
```

```
struct link{
    int data;
    struct link *next;
};
typedef struct link ST;
void fout_link(ST *head);
void insert_link(ST *head,int k);
void del_link(ST *head,int k);
ST* create(int *n);
int main()
{
    ST *head,*p,*s;
    int n,k;
    head=create(&n);
    printf("--------creat--------\n");
    fout_link(head);
    printf("enter(insert) k:");
    scanf("%d",&k);
    if(k<=n)
    {
        printf("insert:k(%d)\n",k);
        if(k==0)
        {
            s=(struct link*)malloc(sizeof(struct link));
            printf("s->data:");
            scanf("%d",&s->data);
            s->next=head;
            head=s;
        }
        else
            insert_link(head,k);
        n++;
        printf("--------insert--------\n");
        fout_link(head);
    }
    else
        printf("k(%d)>n(%d)+1:out of range!\n",k,n);
    printf("enter(delet) k:");
    scanf("%d",&k);
    if(k<=n)
    {
```

```
                printf("delete:k(%d)\n",k);
                if(k==1)
                {
                    s=head;
                    head=head->next;
                    free(s);
                }
                else
                    del_link(head,k);
                n--;
                printf("--------delete---------\n");
                fout_link(head);
            }
            else
            {
                printf("k(%d)>n(%d):out of range!\n",k,n);
            }
            return 0;
        }
ST* create(int *n)
{
    ST *head,*p,*s;
    int t;
    *n=1;
    s=(struct link*)malloc(sizeof(struct link));
    printf("s->data:");
    scanf("%d",&s->data);
    head=s;
    p=s;
    p->next=NULL;
    printf("continue(1)    stop(0):");
    scanf("%d",&t);
    while(t)
    {
        (*n)++;
        s=(struct link*)malloc(sizeof(struct link));
        printf("s->data:");
        scanf("%d",&s->data);
        s->next=p->next;
        p->next=s;
        p=s;
```

```
            printf("continue(1)    stop(0):");
            scanf("%d",&t);
        }
        return head;
}
void fout_link(ST *head)
{
    ST *p;
    p=head;
    while(p!=NULL)
    {
        if(p->next!=NULL)
            printf("%d->",p->data);
        else
            printf("%d\n",p->data);
        p=p->next;
    }
}
void insert_link(ST *head,int k)
{
    int i;
    ST *p,*s;
    p=head;
    i=1;
    while(i<k)
    {
        p=p->next;
        i++;
    }
    s=(struct link*)malloc(sizeof(struct link));
    printf("s->data:");
    scanf("%d",&s->data);
    s->next=p->next;
    p->next=s;
}
void del_link(ST *head,int k)
{
    int i;
    ST *p,*s;
    s=p=head;
    i=1;
```

```
        while(i<k)
        {
            i++;
            p=s;
            printf("p->data:%d\n",p->data);
            s=s->next;
        }
        printf("del:%d\n",s->data);
        p->next=s->next;
        free(s);
    }
```

注释：

（1）定义 void insert_link(ST *head,int k);，函数 insert_link() 的功能是在 head 链表的第 k 个结点之后插入一个新的结点（k>=0&&k<=n）。如果 k=0，则在头指针 head 之后插入一个新的结点，这个结点的插入由调用函数完成。

定义 void del_link(ST *head,int k);，函数 del_link() 的功能是删除 head 链表的第 k 个结点（k>=1&&k<=n）。如果 k=1，则删除 head 链表的第一个结点，这个结点的删除由调用函数完成。

（2）执行主函数 main()，当 if(k<=n) 的条件 k<=n 的值为 1 且 if(k==0) 的条件 k==0 的值为 1 时，主函数 main() 创建一个新结点，作为 head 链表的第一个结点（s->next=head;head=s;）。当 if(k<=n) 的条件 k<=n 的值为 1 且 if(k==0) 的条件 k==0 的值为 0 时，调用 insert_link(head,k);，函数 insert_link() 的实参 head 的值是 head 链表第一个结点的地址（传递给形参 head）。转向执行函数 insert_link()，函数体执行循环 while(i<k)，寻找插入点。执行 s->next=p->next;p->next=s;，完成插入操作（插入后指针 p 指向的结点是指针 s 指向的结点的"前驱"，插入前指针 p 指向的结点的"后继"是插入后指针 s 指向的结点的"后继"）。当 if(k<=n) 的条件 k<=n 的值为 0 时，执行 printf("k(%d)>n(%d)+1:out of range!\n",k,n);，变量 k 值不满足 head 链表结点序号的要求。函数 insert_link() 调用结点后返回到主函数 main() 的调用处。

执行主函数 main()，当 if(k<=n) 的条件 k<=n 的值为 1 且 if(k==1) 的条件 k==1 的值为 1 时，主函数 main() 删除第一个结点，原先第一个结点的"后继"作为 head 链表的第一个结点（s=head;head=head->next;）。当 if(k<=n) 的条件 k<=n 的值为 1 且 if(k==1) 的条件 k==1 的值为 0 时，调用 del_link(head,k);，函数 del_link() 的实参 head 的值是 head 链表第一个结点的地址，传递给形参 head。转向执行函数 del_link()，函数体执行循环 while(i<k)，寻找删除点。循环结束后执行 p->next=s->next;free(s);，完成删除操作（删除后指针 p 指向的结点是删除前指针 p 指向的结点的"后继"）。当 if(k<=n) 的条件 k<=n 的值为 0 时，执行 printf("k(%d)>n(%d):out of range!\n",k,n);，变量 k 值不满足 head 链表结点序号的要求。函数 del_link() 调用结点后返回到主函数 main() 的调用处，如图 11.9 所示。

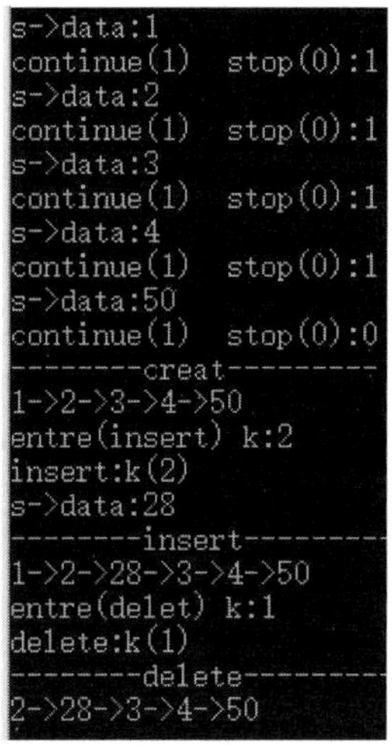

图 11.9　链表的插入与删除

（3）在 head 链表插入一个新结点，插入后它是第一个结点。如果在 void insert_link(ST *head,int k)中定义该功能，执行后形参 head 的值将改变，但形参 head 值的改变不能返回到实参 head，所以调用函数是不能发现这个新插入的结点的。

当删除在 head 链表中的第一个结点时，如果在 void del_link(ST *head,int k)中定义该功能，执行后形参 head 的值将改变，但形参 head 值的改变不能返回到实参 head，执行 free(s); 后会导致 head 链表原先数据与调用函数头指针 head 失去联系。

案例 64：共用体类型

Prog64.1

```c
#include "stdio.h"
union ac{
    char c;
    int    a;
};
int main()
{
    union ac ac1;
    printf("-------------------------addr------------------------\n");
    printf("addr(ac1):%x,addr(ac1.a):%x,addr(ac1.c):%x\n",&ac1,&ac1.a,&ac1.c);
    printf("----------------size----------------\n");
    printf("size(ac1):%d,size(ac1.a):%d,size(ac1.c):%d\n",sizeof(ac1),sizeof(ac1.a),sizeof(ac1.c));
    printf("---------ac1.a=65;---------\n");
```

```
ac1.a=65;
printf("ac1.a:%d,ac1.c:%d,ac1.c:%c\n",ac1.a,ac1.c,ac1.c);
printf("---------ac1.c='A'--------\n");
ac1.c='A';
printf("ac1.a:%d,ac1.c:%d,ac1.c:%c\n",ac1.a,ac1.c,ac1.c);
}
```

注释：

（1）union ac{char c; int   a; };定义共用体类型，标识符 c 和 a 是其成员名称。union ac ac1; 定义共用体变量 ac1，共用体变量 ac1 中的成员 c 和 a 的存储单元是"重叠"的。

（2）执行 printf("addr(ac1):%x,addr(ac1.a):%x,addr(ac1.c):%x\n",&ac1,&ac1.a,&ac1.c);，输出：addr(ac1):60fefc,addr(ac1.a):60fefc,addr(ac1.c):60fefc，共用体变量 ac1 的地址、ac1.a 的地址、ac1.c 的地址均是 60fefc。执行 printf("size(ac1):%d,size(ac1.a):%d,size(ac1.c):%d\n", sizeof(ac1),sizeof(ac1.a),sizeof(ac1.c));，输出：size(ac1):4,size(ac1.a):4,size(ac1.c):1，sizeof(ac1)（共用体变量 ac1 存储空间的尺寸）=sizeof(ac1.a)（共用体变量 ac1 的成员 ac1.a 存储空间的尺寸）> sizeof(ac1.c)（共用体变量 ac1 的成员 ac1.c 存储空间的尺寸），共用体变量 ac1 的存储空间的尺寸是其成员 ac1.a 存储空间的尺寸（共用体变量 ac1 的成员 ac1.a 存储空间的尺寸是所有成员空间最大的，其他成员都与成员 ac1.a 共享该空间）。

执行 ac1.a=65; printf("ac1.a:%d,ac1.c:%d,ac1.c:%c\n",ac1.a,ac1.c,ac1.c);，输出：ac1.a:65, ac1.c:65,ac1.c:A，成员 ac1.a 赋值 65，同时也将值 65 赋给了 ac1.c。执行 ac1.c='A'; printf("ac1.a: %d, ac1.c:%d,ac1.c:%c\n",ac1.a,ac1.c,ac1.c);，输出：ac1.a:65,ac1.c:65,ac1.c:A，成员 ac1.a 赋值'A'，同时也将值'A'赋给了 ac1.c，如图 11.10 所示。

图 11.10　共用体类型

（3）共用体变量 ac1 的成员 ac1.c 与 ac1.a 的存储空间是重叠的。

案例 65：枚举类型

Prog65.1

```
#include "stdio.h"
enum number{j201,j202,j210,j301,j302};
int main()
```

```
{
    enum number num1;
    printf("----------(addr-size)----------\n");
    printf("addr(num1):%x,size(num1):%d\n",&num1,sizeof(num1));
    printf("-----------------value-----------------\n");
    printf("j201:%d\tj202:%d\tj210:%d\tj301:%d\tj302:%d\n",j201,j202,j210,j301,j302);
    printf("---------------variable---------------\n");
    num1=j210;
    printf("num1(j210):%d\n",num1);
    num1=j201;
    while(num1<=j302)
    {
        switch(num1)
        {
            case j201:printf("%d->j201\t",num1);break;
            case j202:printf("%d->j202\t",num1);break;
            case j210:printf("%d->j210\t",num1);break;
            case j301:printf("%d->j301\t",num1);break;
            case j302:printf("%d->j302\n",num1);
        }
        num1++;
    }
    return 0;
}
```

注释：

（1）enum number{j201,j202,j210,j301,j302};定义枚举类型，标识符 j201、j202、j210、j301、j302 是常量，其默认值是 0（j201）、1（j201）、2（j220）、3（j301）、4（j302）。enum number num1;定义枚举类型变量 num1，num1 的取值只能是 j201、j202、j210、j301、j302。

（2）执行 printf("addr(num1):%x,size(num1):%d\n",&num1,sizeof(num1));，输出：addr(num1):60fefc,size(num1):4，类型变量 num1 就是一个整型存储单元。执行 printf("j201:%d\tj202:%d\tj210:%d\tj301:%d\tj302:%d\n",j201,j202,j210,j301,j302);，输出：j201:0　j202:1　j210:2　j301:3　j302:4，标识符 j201、j202、j210、j301、j302 是"枚举"常量。执行 num1=j210;printf("num1(j210):%d\n",num1);，输出：num1(j210):2，可以用"枚举"常量直接给"枚举"类型变量 num1 赋值。执行 num1=j201;及 while(num1<=j302)循环结构，循环变量 num1 取值从 j201 到 j302，输出：0->j201 1->j202 2->j210 3->j301 4->j302，可以用循环结构对"枚举"常量进行加工处理，如图 11.11 所示。

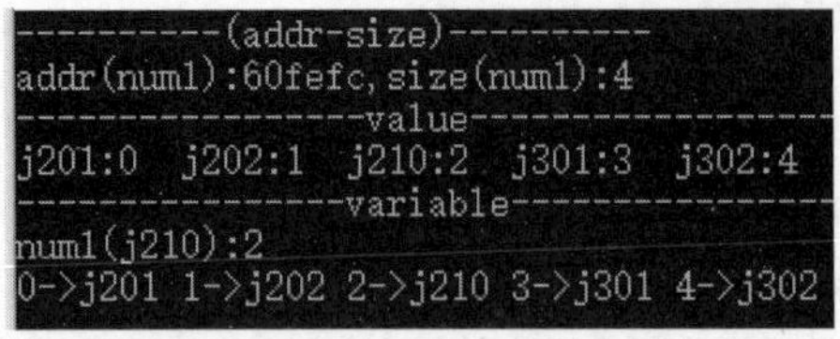

图 11.11　枚举类型

（3）标识符 j201、j202、j210、j301、j302 是"枚举"常量，不能在程序中为其赋值。

案例 66：位运算

Prog66.1

```c
#include "stdio.h"
int main()
{
    int a1,a2,d;
    a1=45;
    printf("----------------(~)----------------\n");
    d=~a1;
    printf("a1:%x,d(~a1):%x,a1+d:%x\n",a1,d,a1+d);
    printf("--------(<<)-------\n");
    d=a1<<2;
    printf("a1:%d,d(a1<<2):%d\n",a1,d);
    printf("--------(>>)-------\n");
    d=a1>>2;
    printf("a1:%d,d(a1>>2):%d\n",a1,d);
    printf("----------(&)---------\n");
    a2=73;
    d=a1&a2;
    printf("a1:%x,a2:%x,d(a1&a2):%x\n",a1,a2,d);
    printf("----------(|)---------\n");
    d=a1|a2;
    printf("a1:%x,a2:%x,d(a1|a2):%x\n",a1,a2,d);
    printf("----------(^)---------\n");
    d=a1^a2;
    printf("a1:%x,a2:%x,d(a1^a2):%x\n",a1,a2,d);
}
```

注释：

（1）位运算有~、<<、>>、&、|、^，其运算对象为存储空间中的二进制数。

（2）a1=45;，变量 a1 中最低位字节的二进制数是 00101101。d=~a1;，~运算对象是
00000000 00000000 00000000 00101101，输出：a1:2d,d(~a1):fffffd2,a1+d:ffffffff，表达式~a1
的值为 fffffd2（11111111 11111111 11111111 11010010），表达式 a1+d 的值为 ffffffff（11111111
11111111 11111111 11111111）。执行 d=a1<<2;printf("a1:%d,d(a1<<2):%d\n",a1,d);，输出：
a1:45,d(a1<<2):180，表达式 a1<<2 的值为 45×2^2。执行 d=a1>>2;printf("a1:%d,d(a1>>2):
%d\n",a1,d);，输出：a1:45,d(a1>>2):11，表达式 a1>>2 的值为 45/2^2，如图 11.12 所示。

图 11.12　位运算的执行

a2=73;，变量 a2 中最低位字节的二进制数是 01001001，d=a1&a2;，运算过程如图 11.13
所示。执行 printf("a1:%x,a2:%x,d(a1&a2):%x\n",a1,a2,d);，输出：a1:2d,a2:49,d(a1&a2):9。
表达式 a1&a2 的值为 9（00000000 00000000 00000000 00001001）。

$$00000000\ 00000000\ 00000000\ 00101101$$
$$\&\ 00000000\ 00000000\ 00000000\ 01001001$$
$$\overline{}$$
$$00000000\ 00000000\ 00000000\ 00001001$$

图 11.13　位运算&竖式

d=a1|a2;，运算过程如图 11.14 所示。执行 printf("a1:%x,a2:%x,d(a1|a2):%x\n",a1,a2,d);，
输出：a1:2d,a2:49,d(a1|a2):6d。表达式 a1|a2 的值为 6d（00000000 00000000 00000000
01101101）。

$$00000000\ 00000000\ 00000000\ 00101101$$
$$|\ 00000000\ 00000000\ 00000000\ 01001001$$
$$\overline{}$$
$$00000000\ 00000000\ 00000000\ 01101101$$

图 11.14　位运算|竖式

d=a1^a2;，运算过程如图 11.15 所示。执行 printf("a1:%x,a2:%x,d(a1^a2):%x\n",a1,a2,d);，
输出：a1:2d,a2:49,d(a1^a2):64。表达式 a1^a2 的值为 64（00000000 00000000 00000000
01100100）。

$$00000000\ 00000000\ 00000000\ 00101101$$
$$\underline{\text{^}\ 00000000\ 00000000\ 00000000\ 01001001}$$
$$00000000\ 00000000\ 00000000\ 01100100$$

图 11.15 位运算^竖式

（3）运算法则：$\sim 1=0$，$\sim 0=1$；$a<<n \Leftrightarrow a*2^n$，$a>>n \Leftrightarrow a/2^n$；$1\&1=1$，$1\&0=0$，$0\&1=0$，$0\&0=0$；$1|1=1$，$1|0=1$，$0|1=1$，$0|0=0$；$1^\wedge 1=0$，$1^\wedge 0=1$，$0^\wedge 1=1$，$0^\wedge 0=0$。

Prog66.2

```
#include "stdio.h"
struct sbit{
    int a1:6;
    unsigned a2:10;
    int :0;
    int b1:8;
    int b2:4;
};
int main()
{
    struct sbit sab;
    printf("---------addr-size---------\n");
    printf("addr(sab):%x,size(sab):%d\n",&sab,sizeof(sab));
    printf("-------sab.a1--------\n");
    sab.a1=73;
    printf("sab.a1=%d\n",sab.a1);
    printf("-------sab.a2--------\n");
    sab.a2=73;
    printf("sab.a2=%d\n",sab.a2);
    printf("---------------------(+与−)------------------\n");
    sab.b1=sab.a1−sab.a2;
    sab.b2=sab.a1+sab.a2;
    printf("sab.b1(sab.a1−sab.a2)=%d,sab.b2(sab.a1+sab.a2)=%d\n",sab.b1,sab.b2);
}
```

注释：

（1）struct sbit{int a1:6; unsigned a2:10; int :0; int b1:8; int b2:4; };结构体定义的是"位段"，其中，成员 a1 和 a2 在一个存储单元（该存储单元必须为"整型"）中，成员 b1 和 b2 在一个存储单元（该存储单元必须为"整型"）中。假设一个整型存储单元占用 32 个二进制位（4 字节），a1:6 规定成员 a1 占用存储单元中的 6 个二进制位，a2:10 规定成员 a2 占用存储单元中的 10 个二进制位。int :0 规定结构体类型下面的成员将在新的整型存储单元中分配二进制位，b1:8 规定成员 b1 占用存储单元中的 8 个二进制位，b2:4 规定成员 b2 占用存储单元中的 4 个二进制位。成员 a1 存储的最大值为 011111（对应十进制数 31），最小值为 100000（对应十进制数−32）；成员 a2 存储的最大值为 1111111111（对应十进制数 1023），最小值为 0000000000（对应十进制数 0）；成员 b1 存储的最大值为 01111111（对应十进制数 127），最小值为 10000000（对应十进制数−128）；成员 b2 存储的最大值为 0111（对应十进制数 7），最小值为 1000（对应十进制数−8）。

（2）执行 printf("addr(sab):%x,size(sab):%d\n",&sab,sizeof(sab));，输出：addr(sab):60fef8,size(sab):8。结构体变量 sab 的存储空间占用 8 字节（2 个整型单元）；成员 a1 和 a2 使用一个存储单元，占用 4 字节；成员 b1 和 b2 使用一个存储单元，占用 4 字节。

执行 sab.a1=73; printf("sab.a1=%d\n",sab.a1);，输出：sab.a1=9。sab.a1 的值是 73−64=9，sab.a1 存储的最大值是 63，因 73>63 故丢失掉 2^6（64），执行 sab.a1=73;后，sab.a1 的值是 9。执行 sab.a2=73; printf("sab.a2=%d\n",sab.a2);，输出：sab.a2=73。sab.a2 存储的最大值是 73，因 73<1023，执行 sab.a2=73;后 sab.a2 的值是 73。

执行 sab.b1=sab.a1−sab.a2; sab.b2=sab.a1+sab.a2; printf("sab.b1(sab.a1−sab.a2)=%d,sab.b2(sab.a1+sab.a2)=%d\n",sab.b1,sab.b2);，输出：sab.b1(sab.a1−sab.a2)=−64,sab.b2(sab.a1+sab.a2)=2，如图 11.16 所示。表达式 sab.a1−sab.a2（9−73）=−64，sab.b1 存储的最小值是−128，表达式 sab.a1+sab.a2（9+73）=82，sab.b2 存储的值是 $82\%2^4$=2，sab.b2 存储的最大值是 2^4-1。

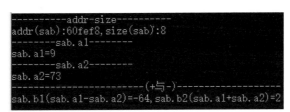

图 11.16　位段的执行

（3）int a1:6;，存储空间中最高位二进制数是"符号位"（0 表示正数，1 表示负数），负数用"补码"表示，unsigned a2:10;，存储空间中"无符号位"。结构体中的"位段"不是独立的存储单元，没有独立"地址"，不能用运算符 sizeof 求"位段"的尺寸（占用字节数）。

 探索 --

设计一个银行多窗口"叫号"系统，功能包括申请号码、窗口叫号、业务完成。

案例 67：文件的打开与关闭

Prog67.1

```c
int main()
{
    FILE *fp;
    int a1,a2;
    printf("---------r---------\n");
    if((fp=fopen("d://file/a1.txt","r"))==NULL)
    {
        printf("a1.txt cannot open!\n");
        exit(0);
    }
    printf("a1.txt:success!->r\n");
    fscanf(fp,"%d,%d",&a1,&a2);
    fclose(fp);
    printf("---------w---------\n");
    if((fp=fopen("d://file/a2.txt","w"))==NULL)
    {
        printf("a2.txt cannot open!\n");
        exit(0);
    }
    printf("a2.txt:success->w\n");
    fprintf(fp,"a1=%d,a2=%d",a1,a2);
    fclose(fp);
    printf("---------r+---------\n");
    if((fp=fopen("d://file/a1.txt","r+"))==NULL)
    {
        printf("a1.txt cannot open!\n");
        exit(0);
    }
    printf("a1.txt:success!->r+\n");
    fscanf(fp,"%d,%d",&a1,&a2);
    fprintf(fp,"\na1=%d,a2=%d\n",a1,a2);
```

```
    fclose(fp);
    printf("---------a---------\n");
    if((fp=fopen("d://file/a2.txt","a"))==NULL)
    {
        printf("a2.txt cannot open!\n");
        exit(0);
    }
    printf("a2.txt:success!->a\n");
    fprintf(fp,"\na1=%d,a2=%d\n",a1,a2);
    fclose(fp);
    printf("---------r(a3)---------\n");
    if((fp=fopen("d://file/a3.txt","r"))==NULL)
    {
        printf("a3.txt cannot open!\n");
    }
    fclose(fp);
    printf("---------w(a3)---------\n");
    if((fp=fopen("d://file/a3.txt","w"))==NULL)
    {
        printf("a3.txt cannot open!\n");
        exit(0);
    }
    printf("a3.txt:success!->w\n");
    fclose(fp);
}
```

注释：

（1）FILE *fp;定义文件类型指针，文件只能通过文件类型的指针去访问。

（2）fp=fopen("d://file/a1.txt","r")，打开"d:\file"下的文件 a1.txt，且该路径下要存在 a1.txt，否则打开失败。"r"是打开模式，该模式打开的文件是供"只读"的，打开之后程序可以通过输入方式读取文件中的数据。

fp=fopen("d://file/a2.txt","w")，打开"d:\file"下的文件 a2.txt，如果该路径下不存在 a2.txt，系统会新建 a2.txt。"w"是打开模式，该模式打开的文件是供"书写"的，打开之后程序可以通过输出方式向文件中书写数据。

fp=fopen("d://file/a1.txt","r+")，"r+"是打开模式，其功能是"先读取后书写"，其输入/输出操作是针对一个文件的。fp=fopen("d://file/a3.txt","r")，若"d:\file"路径下不存在 a3.txt，则"r"模式打开失败，输出：a3.txt cannot open!。fp=fopen("d://file/a3.txt","w")，虽然"d:\file"路径下不存在 a3.txt，但"w"模式会先创建文件再打开。fp=fopen("d://file/a2.txt","a")，"a"模式是向文件 a2.txt 尾部添加（书写）数据，但不会破坏 a2.txt 原有的数据，如图 12.1 所示。

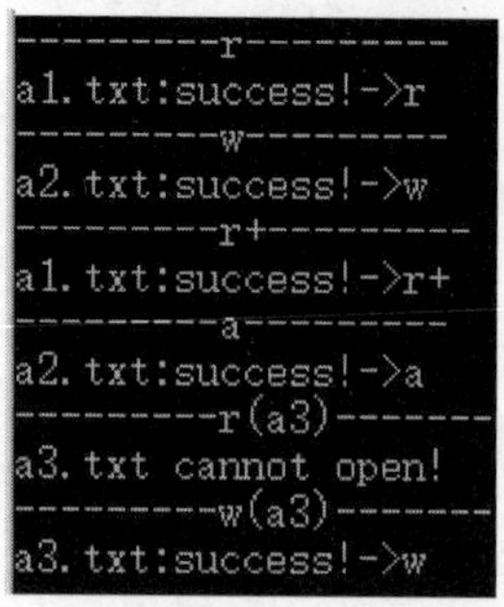

图 12.1　文件的打开与关闭

（3）文件打开函数 fopen() 的返回值是文件类型的地址及模式信息，文件指针属性单元的信息会包含文件类型的地址及模式信息，建立起文件与文件指针的"绑定"。文件关闭函数 fclose() 用于解除文件与文件指针之间的"绑定"。

案例 68：文件的读写

Prog68.1

```
#include "stdio.h"
#include "windows.h"
int main()
{
    FILE *fp1,*fp2;
    char ch;
    if((fp1=fopen("d://file/ac1.txt","r"))==NULL)
    {
        printf("ac1.txt cannot open!\n");
        exit(0);
    }
    if((fp2=fopen("d://file/ac2.txt","w"))==NULL)
    {
        printf("ac2.txt cannot open!\n");
        exit(0);
    }
    printf("---------(fgetc-fputc)--------\n");
    ch=fgetc(fp1);
    while(ch!=EOF)
    {
        ch=fgetc(fp1);
```

```
            if(ch=='e')
                fputc(ch,fp2);
        }
        printf("fgetc-fputc:success!\n");
        fclose(fp1);
        fclose(fp2);
}
```

注释:

（1）筛选出 d:\file\ac1.txt 中所有的字符 e 并保存到 d: \file\ac2.txt 中。

（2）执行 ch=fgetc(fp1);及 while(ch!=EOF){…};，依次读取 d:\file\ac1.txt 中的字符，如果 if(ch=='e')的条件 ch=='e'的值为 1，则执行 fputc(ch,fp2);，循环结束后 d: \file\ac2.txt 中的内容是 eeeeeeeeeeeeeeee。

（3）函数 fgetc(fp1)、fputc(ch,fp2)每执行一次，文件指针都向后移动一个字符，当 fp1 指针移动到 d:\file\ac1.txt 的尾部时，ch=fgetc(fp1);，变量 ch 的值是-1（EOF）。

Prog68.2

```
#include "stdio.h"
#include "windows.h"
int main()
{
        FILE *fp1,*fp2;
        char str1[80],str2[80];
        printf("---------(fgets-fputs)--------\n");
        if((fp1=fopen("d://file/as1.txt","r"))==NULL)
        {
            printf("as1.txt cannot open!\n");
            exit(0);
        }
        if((fp2=fopen("d://file/as2.txt","w"))==NULL)
        {
            printf("as2.txt cannot open!\n");
            exit(0);
        }
        fgets(str1,6,fp1);
        str1[6]='\0';
        printf("str1(6):%s\n",str1);
        fputs(str1,fp2);
        fgets(str1,7,fp1);
        str1[7]='\0';
        printf("str1(7):%s\n",str1);
```

```
        fputs(str1,fp2);
        fgets(str1,11,fp1);
        str1[11]='\0';
        printf("str1(11):%s\n",str1);
        fputs(str1,fp2);
        printf("fgets-fputs:success!\n");
        fclose(fp1);
        fclose(fp2);
}
```

注释：

（1）函数 fgets()用于从指定文件中读取一个指定长度的字符串，函数 fputs()用于将字符串写入指定文件中。假设文件 as1.txt 中存储的内容为 West AnHui University。

（2）fgets(str1,6,fp1); 取出文件 as1.txt 中的 West 并存储到 str1 中，输出：str1(6):West。fputs(str1,fp2);将 str1 中的 West 写到文件 as2.txt 中。fgets(str1,7,fp1); 取出文件 as1.txt 中的 AnHui 并存储到 str1 中，输出：str1(7): AnHui。fputs(str1,fp2);将 str1 中的 AnHui 写到文件 as2.txt 中。fgets(str1,11,fp1); 取出文件 as1.txt 中的 University 并存储到 str1 中，输出：str1(11):University。fputs(str1,fp2); 将 str1 中的 University 写到文件 as2.txt 中。程序运行结果如图 12.2 所示。

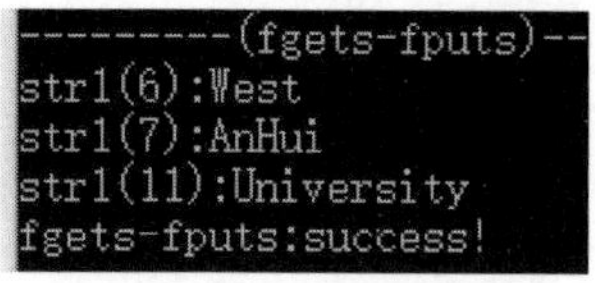

图 12.2　fgets-fputs 操作

（3）fgets-fputs 的每一次操作文件，指针 fp1 和 fp2 都把当前位置作为新的"起点"。例如，fgets(str1,6,fp1);，fp1 的"起点"是文件 as1.txt 的起始位置；fgets(str1,7,fp1);，fp1 的"起点"是文件 as1.txt 的字母 A 的位置；fgets(str1,11,fp1);，fp1 的"起点"是文件 as1.txt 的字母 U 的位置。

Prog68.3

```
#include "stdio.h"
#include "windows.h"
struct rw{
        char r[10];
        int w;
};
int main()
{
        FILE *fp;
```

```
struct rw rt1[4]={"zhang",19,"wang",20,"li",18,"yang",23},rt2[4];
int i;
printf("-------(fread-fwrite,n:1)------\n");
if((fp=fopen("d://file/rw1.txt","wb"))==NULL)
{
    printf("rw1.txt cannot open!\n");
    exit(0);
}
i=0;
while(i<4)
{
    fwrite(&rt1[i],sizeof(struct rw),1,fp);
    i++;
}
fclose(fp);
if((fp=fopen("d://file/rw1.txt","rb"))==NULL)
{
    printf("rw1.txt cannot open!\n");
    exit(0);
}
i=0;
while(i<4)
{
    fread(&rt2[i],sizeof(struct rw),1,fp);
    i++;
}
printf("\tr\tw\n");
i=0;
while(i<4)
{
    printf("\t%s\t%d\n",rt2[i].r,rt2[i].w);
    i++;
}
printf("fread-fwrite:success!\n");
fclose(fp);
printf("-------(fread-fwrite,n:4)------\n");
if((fp=fopen("d://file/rw2.txt","wb"))==NULL)
{
    printf("rw2.txt cannot open!\n");
    exit(0);
}
fwrite(rt1,sizeof(struct rw),4,fp);
fclose(fp);
```

```
if((fp=fopen("d://file/rw2.txt","rb"))==NULL)
{
    printf("rw2.txt cannot open!\n");
    exit(0);
}
fread(rt2,sizeof(struct rw),4,fp);
printf("\tr\tw\n");
i=0;
while(i<4)
{
    printf("\t%s\t%d\n",rt2[i].r,rt2[i].w);
    i++;
}
printf("fread-fwrite:success!\n");
fclose(fp);
return 0;
}
```

注释：

（1）fwrite(&rt1[i],sizeof(struct rw),1,fp);，&rt1[i]是"缓冲区"，sizeof(struct rw)书写单位尺寸，1 表示书写一个单位，fp 表示书写"源"（向哪个文件书写）。fread(&rt2[i],sizeof(struct rw),1,fp);，&rt1[i]是"缓冲区"，sizeof(struct rw)读取单位尺寸，1 表示读取一个单位，fp 表示读取"源"（从哪个文件读取）。

（2）fwrite(&rt1[i],sizeof(struct rw),1,fp);，将结构体数组 rt1 中的数据以元素为单位书写到文件 rw1.txt 中。fwrite(rt1,sizeof(struct rw),4,fp);，将结构体数组 rt1 中的数据以数组为单位书写到文件 rw2.txt 中。

fread(&rt2[i],sizeof(struct rw),1,fp);，从文件 rw1.txt 中以元素为单位读取数据到结构体数组 rt1 中。fread(rt2,sizeof(struct rw),4,fp);，从文件 rw2.txt 中以数组为单位读取数据到结构体数组 rt2 中。程序运行结果如图 12.3 所示。

（3）fread-fwrite 秉持"文件中的数据从文件中来、到文件中去"的思想。

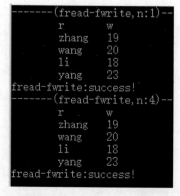

图 12.3　fread-fwrite 操作

案例 69：文件的控制

Prog69.1

```
#include "stdio.h"
#include "windows.h"
int main()
{
    FILE *fp;
    char str1[20]="abcdefg",str2[20];
    int n;
    printf("------ftell-------\n");
    if((fp=fopen("d://file/test.txt","w+"))==NULL)
    {
        printf("test.txt cannot open!\n");
        exit(0);
    }
    n=ftell(fp);
    printf("0->ftell(fp):%d\n",n);
    fputs(str1,fp);
    n=ftell(fp);
    printf("1->ftell(fp):%d\n",n);
    printf("------fseek(1)-------\n");
    fseek(fp,-7,SEEK_CUR);
    n=ftell(fp);
    printf("2->ftell(fp):%d\n",n);
    fgets(str2,strlen(str1)-n+1,fp);
    printf("SEEK_CUR->str2:%s\n",str2);
    printf("------fseek(0)-------\n");
    fseek(fp,3,SEEK_SET);
    n=ftell(fp);
    printf("3->ftell(fp):%d\n",n);
    fgets(str2,strlen(str1)-n+1,fp);
    printf("SEEK_SET->str2:%s\n",str2);
    printf("------fseek(2)-------\n");
    fseek(fp,-3,SEEK_END);
    n=ftell(fp);
    printf("4->ftell(fp):%d\n",n);
    fgets(str2,strlen(str1)-n+1,fp);
    printf("SEEK_SET->str2:%s\n",str2);
```

```
        fclose(fp);
        printf("ftell-fseek:success!\n");
        return 0;
}
```

注释：

　　ftell(fp)函数显示文件指针 fp 在文件 test.txt 中的位置，fseek(fp,-7,SEEK_CUR);将文件指针 fp 从文件 test.txt 中的当前位置向文件头移动 7 字节，fseek(fp,3,SEEK_SET); 将文件指针 fp 从文件 test.txt 中的文件头向文件尾移动 3 字节，fseek(fp,-3,SEEK_END); 将文件指针 fp 从文件 test.txt 中的文件尾向文件头移动 3 字节。程序运行结果如图 12.4 所示。

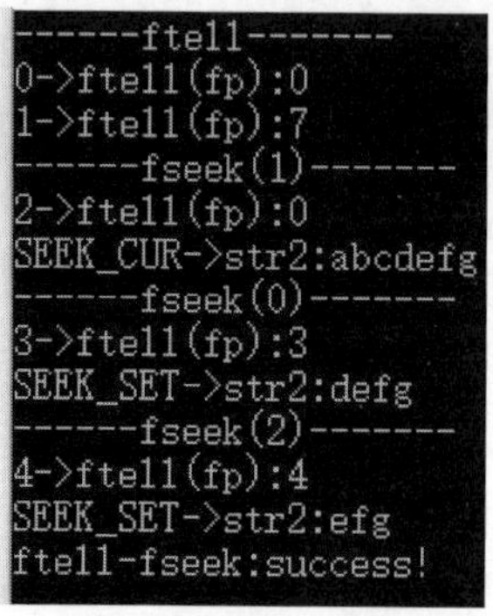

图 12.4　ftell-fseek 操作

案例 70：文件操作典型案例

Prog70.1

```
#include "stdio.h"
#include "windows.h"
int main()
{
    FILE *fp;
    int cn,word;
    char ch;
    printf("------------count------------\n");
    if((fp=fopen("d://file/test1.txt","r"))==NULL)
    {
        printf("test1.txt cannot open!\n");
        exit(0);
    }
```

```
        word=0;
        cn=0;
        while((ch=fgetc(fp))!=EOF)
        {
            if(ch!=' '&&ch!='.'&&word==0)
            {
                cn++;
                word=1;
            }
            if(ch==' '&&word==1)
                word=0;
            if(ch=='.'&&word==1)
                word=0;

        }
        printf("Count the number of words in test1.txt:%d\n",cn);
        fclose(fp);
        printf("Count:success!\n");
        return 0;
}
```

注释：

（1）Prog34.8 中对"非文件"操作的算法进行了注释。

（2）分析文章 tesu.txt。while((ch=fgetc(fp))!=EOF)循环取出文件中的字符，若 if(ch!= ' '&&ch!='.'&&word==0)条件满足则发现了新单词，如图 12.5 所示。

图 12.5　文章单词统计

（3）文件处理结束的条件是(ch=fgetc(fp))!=EOF 的值为 0，或者 feof(fp)的值为非 0。

参考文献

[1] 谭浩强. C 语言程序设计[M]. 3 版. 北京：清华大学出版社，2015.

[2] 周以真. 计算思维[C]. 新观点新学说沙龙文集 7：教育创新与创新人才培养，中国科学技术协会学会学术部，2007：122-127.

[3] YADAV A，HONG H，STEPHENSON C. Computational Thinking for All：Pedagogical Approaches to Embedding 21st Century Problem Solving in K-12 Classrooms[J]. Techtrends，2016，60(6): 565-568.

[4] 郭艳华，马海燕. 计算机与计算思维导论[M]. 北京：电子工业出版社，2014.

[5] 九校联盟. 九校联盟计算机基础教学发展战略联合声明[J]. 中国大学教学，2010，9：6, 11.

[6] 刘佳，王立松. 从阿尔法元谈"新工科"建设中的"计算思维"课程教学探索[J]. 工业和信息化教育，2018，9：61-66.

[7] 狄长艳，周庆国，李廉. 新工科背景下对于计算思维的再认识[J]. 中国大学教学，2019，7：47-53.

[8] WING J M. Computational Thinking[J]. Communications of the ACM，2006，28(9)：23-28.

[9] 肖广德，高丹阳. 计算思维的培养：高中信息技术课程的新选择[J]. 现代教育技术，2015，25（7）：38-43.

[10] 易建勋. 计算思维与应用技术[M]. 3 版. 北京：清华大学出版社，2018.

[11] 钟登华. 新工科建设的内涵与行动[J]. 高等工程教育研究，2017，3：1-6.

[12] 姚琳，宋晏，石志国. 基于新工科的大学计算机基础课程体系思考与探索[J]. 计算机教育，2019，3：112-116.